典型非洲木材
材性与加工特性

胡进波 ◎ 著

中国林业出版社
China Forestry Publishing House

AFRICAN TIMBER

U0237559

图书在版编目（CIP）数据

典型非洲木材材性与加工特性／胡进波著. —北京：中国林业出版社，2021.10
ISBN 978-7-5219-1390-3

Ⅰ.①典…　Ⅱ.①胡…　Ⅲ.①木材性质-研究-非洲 ②木材加工-研究-非洲　Ⅳ.①S781 ②TS65

中国版本图书馆 CIP 数据核字（2021）第 209985 号

中国林业出版社·建筑家居分社
责任编辑：杜　娟　陈　惠
电话：（010）83143553

出版发行	中国林业出版社（100009　北京市西城区刘海胡同 7 号）
印　　刷	北京中科印刷有限公司
版　　次	2021 年 10 月第 1 版
印　　次	2021 年 10 月第 1 次印刷
开　　本	787mm×1092mm　1/16
印　　张	7.75
字　　数	200 千字
定　　价	78.00 元

未经许可，不得以任何方式复制或抄袭本书之部分或全部内容。

版权所有　侵权必究

前　言

习近平总书记倡导"人类命运共同体"全球价值观，在满足人民日益增长的美好生活需要的同时，也需要去适应全球共创人与自然和谐共生的未来，因此，研究和利用非洲木材，一方面要加大对热带雨林资源的保护、禁止非法木材贸易，另一方面要对已有热带雨林木材资源进行高质量的开发利用。近日，《生物多样性公约》缔约方大会第十五次会议在中国昆明召开，全球将"生态文明：共建地球生命共同体"聚焦在中国。作为全球第二大木材消耗国、第一大木材进口国，科学合理地利用木材资源是对生物多样性保护最好的回应。

国家"双碳"目标的驱动下，作为最环境友好的传统建筑材料之一的木材，对于"碳达峰"而言"大有作为"，而且可让树木"碳中和"持续，科学合理地使用木材，不仅可以缓解社会供需矛盾，而且还可以为全球环境治理提供有益途径。木材来源于森林，是碳储存的延续；与其他材料相比，木材在加工的过程中消耗能源最低；木材使用寿命若能科学地延长，其节能减碳作用可与木材加工过程中所消耗的能源可以进行抵扣；所以，与其他建筑材料相比，使用木材是很好地践行"碳达峰·碳中和"。

中国对木材进口的依赖程度不断加大，特别是近些年已成为非洲木材最大的进口国。进入中国的非洲木材种类繁多，如奥古曼、沙比利、非洲柚木、圆盘豆、金丝梨木、象牙海岸格木、大斑马、非洲紫檀、红翅、非洲格木、大比马、非洲黑胡桃、金丝红檀、黑檀、大冶红檀、塔利、黄芸香等，品名复杂，进入国内渠道众多。据了解，非洲木材受到当地情况限制大部分都没有进行材性与加工特性分析；在国内家具、地板、装修用材中，生产商和消费者均碰到纷繁的问题。尝试探寻国内木材专业书籍，特别是关于进口木材的著作，多数是关于木材的图鉴，而关于木材物理、力学的学术内容则见诸期刊，很少有书籍涉及木材加工特性和木材涂饰特性。

为了节约资源、高效利用非洲木材，本书选择了9种典型非洲木材的活立木、宏微观特征、物理性能、力学性能、机械加工性能、涂饰性能进行陈述介绍，对于地板、家具、胶合板、木线条等生产具有重要的指导作用。本书中隶属5科的9种非洲木材是本研究团队耗时 5 年多时间，从木材加工角度比较全面地对典型非洲木材进行的研究，内容深入浅出，浅显易懂，可以供相关科研工作者、检验检疫人员、生产者、外贸人员等作为参考书目，也可以为本领域技术研发、产品创新和科学研究提供思路与参考。本书中未介绍木材化学内容，对科研和技术研发来看是欠缺部分。

本书由中南林业科技大学胡进波博士、苌姗姗博士、刘贡钢博士，东莞市拓远木业有限公司庞华晨先生和中国木材与木制品流通协会地板专委会秘书长刘振东先生共同编写。在资料收集、技术分析和编纂过程中，中南林业科技大学刘元教授、于朝阳博士研究生、姚明硕士研究生、刘礼童硕士研究生均付出了艰辛的劳动。宜华生活科技股份有限公司及黄琼涛先生对于本书依托的项目给予了大力支持。宁波柏厨集成厨房有限公司和佛山市顺德区普瑞特机械制造有限公司对本书出版予以资助。在此，编著者对本书给予支持和帮助的单位和个人一并表示诚挚的感谢！

对于本书的编写，著者倾尽全力，但由于编写时间和编写人员水平所限，本书中难免存在疏漏和欠妥之处，恭请读者批评指正。

胡进波

2021 年 9 月

目　录

1　绪论 ··· 1

1.1　生长地情况 ·· 2

1.2　树种基本特征 ··· 3

　　1.2.1　奥古曼(*Aucoumea klaineana*) ······································· 3

　　1.2.2　鞋木(*Berlinia bracteosa*) ·· 4

　　1.2.3　圆盘豆(*Cylicodiscus gabunensis*) ································ 4

　　1.2.4　两蕊苏木(*Distemonanthus benthamianus*) ····················· 5

　　1.2.5　象牙海岸格木(*Erythrophleum ivorense*) ······················· 5

　　1.2.6　翼红铁木(*Lophira alata*) ··· 6

　　1.2.7　单瓣豆(*Monopetalanthus heitzii*) ································· 7

　　1.2.8　腺瘤豆(*Piptadeniastrum africanum*) ····························· 8

　　1.2.9　非洲紫檀(*Pterocarpus soyauxii*) ································· 8

参考文献 ··· 10

2　典型非洲木材宏微观特征 ·· 11

2.1　引言 ··· 11

2.2　试验材料与方法 ··· 11

　　2.2.1　试验材料 ·· 11

　　2.2.2　试验方法 ·· 12

2.3　木材宏微观特征分析 ·· 13

　　2.3.1　奥古曼 ··· 13

　　2.3.2　鞋木 ·· 15

　　2.3.3　圆盘豆 ··· 17

　　2.3.4　两蕊苏木 ·· 19

　　　　2.3.5　象牙海岸格木 ……………………………… 21

　　　　2.3.6　翼红铁木 …………………………………… 23

　　　　2.3.7　单瓣豆 ……………………………………… 25

　　　　2.3.8　腺瘤豆 ……………………………………… 27

　　　　2.3.9　非洲紫檀 …………………………………… 29

　　2.4　9 种非洲木材纤维特性聚类分析 ………………… 32

　　2.5　本章小结 ………………………………………… 32

　　参考文献 ……………………………………………… 33

3　典型非洲木材物理性能 ……………………………… 34

　　3.1　引言 ……………………………………………… 34

　　3.2　试验材料与方法 ………………………………… 34

　　　　3.2.1　试验材料 …………………………………… 34

　　　　3.2.2　密度 ………………………………………… 35

　　　　3.2.3　干缩性 ……………………………………… 35

　　　　3.2.4　木材花纹 …………………………………… 35

　　　　3.2.5　材色 ………………………………………… 36

　　　　3.2.6　白度 ………………………………………… 36

　　　　3.2.7　光泽度 ……………………………………… 36

　　　　3.2.8　表面润湿性 ………………………………… 36

　　3.3　典型非洲木材物理性能结果与分析 …………… 37

　　　　3.3.1　密度 ………………………………………… 37

　　　　3.3.2　干缩性 ……………………………………… 38

　　　　3.3.3　木材花纹 …………………………………… 39

　　　　3.3.4　材色 ………………………………………… 40

　　　　3.3.5　白度 ………………………………………… 42

　　　　3.3.6　光泽度 ……………………………………… 43

　　　　3.3.7　表面润湿性 ………………………………… 44

　　　　3.3.8　9 种非洲木材表面特性聚类分析 ………… 45

　　3.4　本章小结 ………………………………………… 47

　　参考文献 ……………………………………………… 47

4　典型非洲木材力学性能 ……………………………… 50

　　4.1　引言 ……………………………………………… 50

　　4.2　试验材料与方法 ………………………………… 50

　　　　4.2.1　试验材料 …………………………………… 50

　　　　4.2.2　试验方法 …………………………………… 51

4.3 典型非洲木材力学性能结果与分析 ·· 51
　　4.3.1 奥古曼 ·· 51
　　4.3.2 鞋木 ·· 52
　　4.3.3 圆盘豆 ·· 53
　　4.3.4 两蕊苏木 ··· 54
　　4.3.5 象牙海岸格木 ·· 55
　　4.3.6 翼红铁木 ··· 56
　　4.3.7 单瓣豆 ·· 57
　　4.3.8 腺瘤豆 ·· 58
　　4.3.9 非洲紫檀 ··· 59
　　4.3.10 9种非洲木材顺纹抗拉试样断裂断口形貌分析 ··············· 60
　　4.3.11 9种非洲木材力学性能比较分析 ································· 63
　　4.3.12 9种非洲木材力学性能聚类分析 ································· 66
4.4 本章小结 ·· 67
参考文献 ·· 68

5 典型非洲木材机械加工性能 ··· 69
5.1 引言 ·· 69
5.2 试验材料与方法 ··· 69
　　5.2.1 试验材料 ··· 69
　　5.2.2 试验方法 ··· 70
5.3 典型非洲木材机械加工性能结果与分析 ····································· 72
　　5.3.1 奥古曼 ·· 72
　　5.3.2 鞋木 ·· 74
　　5.3.3 圆盘豆 ·· 76
　　5.3.4 两蕊苏木 ··· 78
　　5.3.5 象牙海岸格木 ·· 80
　　5.3.6 翼红铁木 ··· 82
　　5.3.7 单瓣豆 ·· 84
　　5.3.8 腺瘤豆 ·· 86
　　5.3.9 非洲紫檀 ··· 88
　　5.3.10 9种非洲木材机械加工性能综合分析 ························· 90
5.4 本章小结 ·· 93
参考文献 ·· 93

6 典型非洲木材涂饰性能 ·· 95
6.1 引言 ·· 95

6.2　试验材料与方法 ·· 95

　　6.2.1　试验材料 ·· 95

　　6.2.2　PU 漆涂饰方法 ·· 96

　　6.2.3　WB 漆涂饰方法 ·· 97

　　6.2.4　表面漆膜理化性能测试方法 ·································· 97

6.3　9 种非洲木材涂饰性能结果与分析················ 98

　　6.3.1　PU 漆涂饰性能研究 ·· 98

　　6.3.2　WB 漆涂饰性能研究 ······································· 104

6.4　本章小结 ·· 110

参考文献 ·· 111

附　录··· 112

绪 论 1

　　木材作为低碳环保材料的典型代表，可以再生并具有可持续性。木材来源于树木，在树木生长过程中大量吸收二氧化碳；在采伐、使用时，二氧化碳永久地贮存在木制品中，起到碳封存的作用；从原料到制品的过程中，消耗的能量几乎小于所有其他材料；其碳储存量几乎超过砍伐、加工和运输产生的碳排放量，碳影响非常低[1-2]。因此，木材能助力实现节能、固碳、减排等可持续发展目标，对环境真正地非常友好。2020年中央经济工作会议指出，我国二氧化碳排放力争2030年前达到峰值，力争2060年前实现碳中和[3]。在全球气候变化、美丽中国、乡村振兴建设的新时代，可持续的木材资源将在减碳、固碳、逐步达到碳中和等多重效益中带来新的发展机遇。

　　在人们的家居环境中，尤为注重环保、自然和舒适。木材是极为环保的材料，是一种会"呼吸"的物质[4]。木材具有极强的美学效果，拥有不同颜色和纹理，如深暖色调的胡桃木、榆木、樱桃木和红橡木等，浅色的榉木、枫木和白蜡木等；而且，木材易于情感表达，可给人带来的温暖感，是砖石、岩板、钢材等其他材料无法媲美之处。

　　我国是世界上最大的木材加工、木制品生产基地和最主要的木制品加工出口国，因此，我国对木材森林资源需求量极大。根据全国第九次森林资源清查数据显示，森林资源总体上呈现数量持续增加、质量稳步提升、生态功能不断增强的良好发展态势，形成了国有林以公益林为主、集体林以商品林为主、木材供给以人工林为主的合理格局。我国人工林面积为7954万 hm^2，占全国林地面积的36%，在全国人工林建设中，杉木、马尾松、杨树3个树种的面积占比达到59.41%，纯林多、混交林少，林分结构简单，林地生产力和产出率低、效益不高，人工速生材径级小、密度低、材质松软、尺寸稳定性弱、耐磨性能差等问题[5]。国家实施人工商品林政策，有效补充了林产品尤其是木材的部分缺口，然而，随着我国经济的不断发展，城市化进程的加快，居民消费能力的不断提升，各行各业对木材的需求量在不断增大，根据国家相关统计资料，2020年我国木材消费总量达到4.57亿~4.77亿 m^3，木材供应缺口将长期保持在1亿~1.5亿 m^3[6]。为满足国内经济发展和人民生活水平提高的要求，国家鼓励进口木材，我国也是国际上最大的木材采购商之一，进口木材可大致分为两类，一类是俄罗斯进口木材，另一类是北美木材和热带木材[7]。

为了迎合国民对漂亮而奇异的木材纹理需求，近些年来非洲木材越来越多地被进口到中国。奥古曼、沙比利、圆盘豆、金丝梨木、大斑马、非洲紫檀、非洲柚木、鞋木、非洲格木、金丝红檀、黄丝檀木、大比马、非洲黑胡桃、黄花梨、黑檀、大冶红檀、塔利、黄芸香等非洲热带木材，在国内木制品中，鱼龙混杂，在原木地板和家具行业使用甚多[7]。非洲的森林面积占非洲总面积的21%，非洲有着丰富而独特的木材资源，但经济落后，木材消费需求低，自然无暇顾及出口木材质量，也很难开展木材材性和加工性能研究。非洲木材的来源主要集中于中非和西非几内亚湾沿岸的热带雨林中，如加蓬、刚果、几内亚、科特迪瓦等，另外东南部的沿海及岛屿也有一些优良木材。以加蓬为例，拥有丰富的森林资源，森林面积占全国土地面积的85%，木材资源非常丰富，被誉为非洲的"绿金之国"，位于非洲中西部，跨越赤道，西濒大西洋，相邻的中非货币与经济共同体国家的木材资源可以自由地在加蓬跨境流通，易获取到非洲绝大部分木材品种，其木材总储量48亿 m³，林产工业创造了60%的非石油加蓬国内生产总值[6]。

随着高质量阔叶木材资源的日益紧缺，国内很多大型木制品企业在热带木材资源丰富的非洲地区建有林地，与当地政府和行业组织共同开发利用非洲木材。热带林木资源有其自身特点，树种繁多且很多在国内少见，其木质部生长迅速而材性不稳定。因此，非洲木材在国内加工利用过程中经常出现问题，甚至还遭遇到一些意想不到的麻烦。为了给国内涉非洲木材加工企业提供参考，选取了9种典型非洲木材树种，进行了木材宏微观、物理、力学等基本材性和机械加工、涂饰等利用方面的专项研究。

1.1　生长地情况

在广东宜华生活科技股份有限公司非洲加蓬林业基地（以下简称"宜华加蓬"）选取了9种木材，见表1-1。宜华加蓬的林业基地面积约35万 hm²，属热带雨林气候，2月中旬至5月中旬以及9月中旬至12月中旬为雨季，5月中旬至9月中旬以及12月中旬至次年2月中旬为旱季，年降水量为1500~3000mm，各月平均温度为25~28℃，温差小[8]。

表1-1　9种木材基本信息[9]

序号	拉丁名	中文名	俗称	英文名	科	属
1	*Aucoumea klaineana*	奥古曼	加蓬榄	Okoume	橄榄科	奥克榄属
2	*Berlinia bracteosa*	鞋木	红翅	Ebiara	苏木科	鞋木属
3	*Cylicodiscus gabunensis*	圆盘豆	黄金柚	Okan	含羞草科	圆盘豆属
4	*Distemonanthus benthamianus*	两蕊苏木	金丝梨	Movingui	苏木科	两蕊苏木属
5	*Erythrophleum ivorense*	象牙海岸格木	非洲格木	Tali	苏木科	格木属
6	*Lophira alata*	翼红铁木	金丝红檀	Ekki	金莲木科	红铁木属
7	*Monopetalanthus heitzii*	单瓣豆	黄丝檀	Andoung	苏木科	单瓣豆属

（续）

序号	拉丁名	中文名	俗称	英文名	科	属
8	*Piptadeniastrum africanum*	腺瘤豆	大比马	Dabema	含羞草科	腺瘤豆属
9	*Pterocarpus soyauxii*	非洲紫檀	非洲红花梨	Padauk	蝶形花科	紫檀属

1.2　树种基本特征

1.2.1　奥古曼（*Aucoumea klaineana*）

科属：橄榄科　奥克榄属

产地与分布：本种原产于热带非洲中部和西部，分布在卡宾达、喀麦隆、刚果、赤道几内亚、加蓬。

外观：高大乔木，高达 25~35m，直径 1.0~2.5m，枝干具高大板根[10]。

叶：奇数羽状复叶，小叶对生，长 8~20cm，宽 3~8cm，椭圆至卵圆形，先端渐尖，叶脉明显，两侧稍往中脉内凹，叶背中脉突出[9]。

花：圆锥花序顶生，花小，黄白色，5 基数，子房上位，5 室[9]。

果：核果，外果皮肉质，不开裂，果基部窄，顶端膨大[9]。

奥古曼树木形态特征如图 1-1 所示。

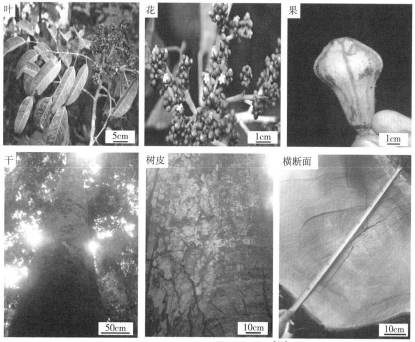

叶　花　果
5cm　1cm　1cm
干　树皮　横断面
50cm　10cm　10cm

图 1-1　奥古曼树木形态特征[11]

1.2.2 鞋木(*Berlinia bracteosa*)

科属：苏木科　鞋木属

产地与分布：本种原产于尼日利亚南部到热带非洲中部和西部，主要分布在卡宾达、喀麦隆、中非共和国、乍得、刚果、赤道几内亚、加蓬。

外观：大乔木，树高可达30.5~39.6m，树干通常不规则，有时板根有凹坑，树干直径0.91~1.5m，树皮光滑[9]。

叶：偶数羽状复叶，小叶对生；叶椭圆至倒卵形，先端渐尖，或骤狭短渐尖，基部楔形；叶脉微下凹，革质，叶长10~20cm，宽3~6cm[9]。

花：花白色，簇生于顶生总状花序中，花序梗粗壮，花序背灰白色被微柔毛；花瓣白色，顶部扩大波浪状；花丝多数，细长[9]。

果：荚果扁平，较大，先端有时具喙，长10~25cm，宽3~8cm[9]。

鞋木树木形态特征如图1-2所示。

花

2cm

果

2cm

树皮

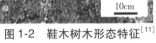
10cm

干

50cm

图1-2　鞋木树木形态特征[11]

1.2.3 圆盘豆(*Cylicodiscus gabunensis*)

科属：含羞草科　圆盘豆属

产地与分布：本种原产于热带非洲中部和西部，分布在喀麦隆、中非共和国、刚果、赤道几内亚、加蓬、加纳、科特迪瓦、尼日利亚[9]。

外观：大乔木，树高可达55~61m，树干通直圆满，主干长24m，直径约0.9~1.2m，离板根近处直径可达2.4~3.0m[9]。

叶：叶卵圆形，尖端尾尖，长3~6cm，宽2~4cm[9]。

花：穗状花序，淡黄或淡绿白色[9]。

果：荚果扁平细长，锈黄色，最长可达 9cm，宽达 8cm；种子扁平，薄翅，长有时可达 7.6cm[9]。

圆盘豆树木形态特征如图 1-3 所示。

图 1-3　圆盘豆树木形态特征[11]

1.2.4　两蕊苏木（*Distemonanthus benthamianus*）

科属：苏木科　两蕊苏木属

产地与分布：本种原产于热带非洲中部和西部，主要分布在喀麦隆、刚果、赤道几内亚、加蓬、加纳、几内亚、尼日利亚[9]。

外观：乔木，高达 36m，树皮明显橙红色，特别是上部树干和树枝部分；小枝微 Z 字形屈曲[9]。

叶：二回奇数羽状复叶，小叶倒卵形或椭圆形，先端尖，基部圆形，革质[9]。

花：圆锥花序顶生，花两侧对称；萼片褐色，下部合生；花瓣白色；雄蕊二型，两侧各 1 枚较粗花丝，其顶部具渐尖长条形褐色花药，中部花药线形，3 枚，弯曲；花柱短于花丝，顶端黄色[9]。

果：荚果红色，扁平，长 5~12cm，宽 2~5cm[9]。

两蕊苏木树木形态特征如图 1-4 所示。

1.2.5　象牙海岸格木（*Erythrophleum ivorense*）

科属：苏木科　格木属

产地及分布：本种原产于热带非洲中部和西部，主要分布在喀麦隆、中非共和国、刚果、赤道几内亚、加蓬、加纳。

外观：大乔木，树高可达 30.5~42.7m，主干长度 9~15m，具板根，树干不规则，直

图 1-4 两蕊苏木树木形态特征[11]

径 0.9~1.5m[9]。

叶：二回羽状复叶，近对生，叶枕膨大，羽片数对；小叶互生，革质；卵形或卵状椭圆形，先端渐尖，基部近圆形，两侧不对称，边全缘[9]。

花：花略带红色，花小，具短梗，密聚成穗状花序式的总状花序，在枝顶常再排成圆锥花序；萼钟状，裂片 5，在花蕾时多呈覆瓦状排列，下部合生成短管；花瓣 5 片，近等大；雄蕊 10 枚，分离；子房具柄，外面被毛，花柱短，柱头小。花期在年末[9]。

果：荚果长而扁平，厚革质，熟时 2 瓣裂；种子横生，扁圆形，有胚乳，种皮黑褐色[9]。

象牙海岸格木树木形态特征如图 1-5 所示。

图 1-5 象牙海岸格木树木形态特征[11]

1.2.6 翼红铁木(*Lophira alata*)

科属：金莲木科 红铁木属

产地与分布：本种原产于热带非洲西部至乌干达。

外观：大乔木，树高可达 48.8m，主干直径 1.5~1.8m，无板根，但树干基部有时膨大[9]。

叶：叶大，簇生，革质，顶端幼叶红褐色；长圆状倒卵形，叶先端凹陷，基部楔形，全缘而微波状，最长可达数十厘米[9]。

花：总状花序，花梗粗壮；花瓣5，白色，先端凹陷；花丝多数，黄色[9]。

果：翅果，红色，两翅不对称，大的一边可达10cm，小的则2~3cm[9]。

翼红铁木树木形态特征如图1-6所示。

图1-6　翼红铁木树木形态特征[11]

1.2.7　单瓣豆(*Monopetalanthus heitzii*)

科属：苏木科　单瓣豆属

产地与分布：本种原产于热带中非地区。

外观：大乔木，树高可达42.7m，树干通直，圆柱状，板根以上主干长度18.3m，直径1.2~1.8m[9]。

叶：二回羽状复叶，互生，长20~30cm；每羽片有小叶20~30对，小叶对生，线形或长圆形，长 1~2cm[9]。

花：头状花序于枝顶排成圆锥花序[9]。

果：荚果[9]。

单瓣豆树木形态特征如图 1-7 所示。

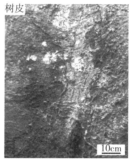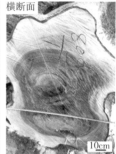

果　　　　　　　干　　　　　　　树皮　　　　　　横断面

图 1-7　单瓣豆树木形态特征[11]

1.2.8　腺瘤豆(*Piptadeniastrum africanum*)

科属：含羞草科　腺瘤豆属

产地与分布：本种原产于热带非洲西部至南苏丹和安哥拉。

外观：高大乔木，高达 50m，树皮光滑、灰色，具板根；幼枝密被锈色短绒毛，成熟后脱落[9]。

叶：二至三回羽状复叶，羽片 10~19 对(幼枝可达 23 对)；小叶 30~58 对(幼叶可达 61 对)，线形至镰刀形，长 3~8.5mm，宽 0.8~1.25mm[9]。

花：花淡黄白色，穗状，总状花序长 4~11cm[9]。

果：荚果扁平细长，长 17~36cm，宽 2~3.2cm，种子长 5.3~9.5cm，宽 1.8~2.5cm[9]。

腺瘤豆树木形态特征如图 1-8 所示。

1.2.9　非洲紫檀(*Pterocarpus soyauxii*)

科属：蝶形花科　紫檀属

产地与分布：本种分布于尼日利亚至热带非洲中部和西部。

外观：大乔木，树高可达 30.5~39.6m，树干通直圆满，主干长度 21.3m，直径 0.61~1.2m，有时可达 1.5m[9]。

叶：奇数羽状复叶；小叶互生，3~5 对；小叶长卵形，叶革质，长 5~10cm，宽 2~4cm，先端渐尖，基部圆形，两面无毛，叶脉纤细[9]。

花：花黄色，排成顶生或腋生的圆锥花序；苞片和小苞片小，早落；花梗有明显关节；花萼倒圆锥状，稍弯，萼齿短，上方 2 枚近合生；花冠伸出萼外，花瓣有长柄，旗瓣圆形，与龙骨瓣同于边缘呈皱波状；雄蕊 10，花药一式；花柱丝状，内弯，无须毛，柱头

图 1-8 腺瘤豆树木形态特征[11]

小，顶生[9]。

　　果：荚果圆形，扁平，宽 5~8cm，边缘有阔而硬的翅，宿存花柱向果颈下弯，种子 1~2 粒，长圆形或近肾形，种脐小[9]。

　　非洲紫檀树木形态特征如图 1-9 所示。

图 1-9 非洲紫檀树木形态特征[11]

参考文献

[1]成俊卿．中国木材志[M]．北京：中国林业出版社，1992：16．

[2]美国阔叶木产品商贸协会．美国阔叶木外销委员会[EB/OL]．（1987-06-09）[2021-10-06]．http：//www.ahec-china.org/zh-hans/．

[3]人民股份有限公司-《人民日报》．中央经济工作会议[EB/OL]．（2020-12-19）[2021-10-06]．http：//qh.people.com.cn/n2/2020/1219/c182753-34483294.html．

[4]王小芳．深色名贵硬木家具用材研究[D]．南宁：广西大学，2008．

[5]国家林业局．中国森林资源报告(2014—2018)[M]．北京：中国林业出版社，2014：54．

[6]朱光前．2020年我国木材与木制品进出口概况[J]．中国人造板，2021，28(8)：35-39．

[7]朱光前．2017年中国木材进口及中非木材贸易简况[J]．国际木业，2018，48(2)：14-21．

[8]中华人民共和国商务部．中华人民共和国驻加蓬共和国大使馆经济商务处．加蓬概况加蓬地理[EB/OL]．（2013-01-26）[2021-10-06]．http：//ga.mofcom.gov.cn/article/ddgk/zwdili/201301/ 20130100013275.shtml．

[9]江泽慧，彭镇华．世界主要树种木材科学特性[M]．北京：科学出版社，2001：306．

[10]秦月．非洲木材之王——奥古曼[J]．中国木材，1997(4)：43-43．

[11]中国科学院植物研究所植物标本馆．中国植物图像库PPBC[EB/OL]．（2008-03）[2021-09-24]．http：//ppbc.iplant.cn/．

典型非洲木材宏微观特征 2

2.1 引言

非洲木材花纹非常清晰，有些树种表面孔隙异常明显，木材质地结构特异，也时有木材加工企业对树种难以辨别，因此了解非洲木材宏微观特征并进行系统研究非常必要。木材宏观构造是指用肉眼或借助 10 倍放大镜所能观察到的木材构造特征，包括心材、边材、生长轮、早材、晚材、管孔、轴向薄壁组织、木射线、胞间道等。观察宏观构造因受放大倍数的限制，通常只能察看到构成木材的组织，而组成木材各种细胞的微观构造以及相互之间的关系，用肉眼或放大镜就无法辨清，需要借助其他专业设备。用光学显微镜观察的木材特征构造，称为木材显微构造。在显微构造特征上，阔叶材是由各种细胞构成，主要是导管、纤维、轴向薄壁细胞、木射线等，其中木材的纤维形态特征、导管形态及其各自的变异规律具有重要意义[1]。不同类型的树种因细胞结构、种类甚至排列方式的不同，都会导致木材材性的差异[2]。对于木材行业从业人员，应该要了解细胞构成及排布特点，可以正确认知木材各种物理力学性质在宏观表现上的各向异性。另外，木材树种识别也需要掌握每一树种木材宏微观结构特征。

2.2 试验材料与方法

2.2.1 试验材料

9 种树木采伐时立木高 25~40m，胸径 1~1.5m，长势中等，每种木材在胸高处截取 5cm 厚圆盘[3]，用于木材宏微观特性研究，从胸高处往上截取约 1.5m 长原木段加工成锯材后，用于物理力学性质、表面特性、机械加工性能试验。

在备好的木材圆盘上，切取 20mm×20mm×20mm 木块 2~3 块，使用徕卡滑走式切片机将试件3个切面加工平整，以备宏观特征观察。在圆盘上自髓心向树皮依次截取心材、中材和边材3个位置的试样，切取8mm×8mm×8mm的小木块用来制作显微制片，每个位置试样取3块。同时，选取3个位置试样沿纤维长度方向劈成火柴棒大小，长约2cm，每个位置试样挑选3~5根放入试管中并做好标记，作为纤维分离试样。

2.2.2　试验方法

2.2.2.1　宏观特征观察

将表面修整光滑的20mm×20mm×20mm木块，通过手持式显微镜观察其三切面宏观构造特征，包括心边材差异性、生长轮、早晚材、管孔排布、薄壁组织、结构与纹理等。

2.2.2.2　显微制片与观察

将8mm×8mm×8mm的小木块试样放入烧杯中并做好标记，放在水浴锅内，加清水煮至木材下沉且无气泡上升时，即表明试样中的空气已被排尽，木材软化完成。对于材质较硬的木材，还须加入20%乙二胺溶液，继续放在水浴锅内软化，试样加热过程中要经常观察，当试样边缘变白或有些细胞解体时，即可取出用刀片试切，如切削容易，即表示软化足够。将软化好的试样从药液中取出再流水下反复冲洗，直至完全去除药液，即放入甘油—酒精溶液(甘油和95%酒精按1∶1配制)中保存，备切片用[3]。

软化后的木材，用徕卡滑走式切片机切三切面切片，厚度约15~20μm。制备好的切片先放入1%番红溶液染色10h，随后分别用50%、70%、85%、95%、100%的酒精逐级脱水，经番红染色和酒精脱水后，移至载玻片，用加拿大树胶进行封固，制成永久切片[3]。最后将切片放在Nikon H550S显微镜下观察并拍照。

2.2.2.3　木纤维形态的测定

木纤维分离采用硝酸离析法。选取火柴棒大小的木材试样，每个位置挑选3~5根放入试管中并做好标记，试管中注水淹没木材，然后将试管放入水浴锅中加热煮沸，排出木材中的空气，至试样全部下沉管底。将试管中的水倒出，加入硝酸离析液(30%硝酸)，再放入水浴锅加热至试样完全软化，然后用蒸馏水冲洗3~5遍以除去硝酸。注水少许于试管中，然后用拇指轻按试管口，轻轻摇动使纤维均匀分散，成为木浆。用毛笔挑出少许木浆置于载玻片上，注意每次木浆挑出量要少，否则纤维会因过多而搭在一起不利于观察，加水1~2滴使之分离，盖上盖玻片，用吸水纸吸去盖玻片周围水分，临时切片便制备完成[4]。

将制备好的临时切片放在Nikon H550S显微镜下观察测量木纤维形态，挑选50根完整的单根纤维测量长度、宽度和纤维空腔直径。

2.2.2.4　组织比量测定

组织比量测定主要包括测定导管分子、木纤维、木射线、薄壁组织等主要的阔叶材特征组织的含量比。选取制备好的横切面切片在显微镜下观察，4倍放大倍数下选取相邻两个年轮间的部分，若遇到年轮较宽的试样，一个视野照片放不下的就分多张图片拍摄，然后组合到一起，用 ImageJ Pro 软件测量导管、纤维、木射线、薄壁组织各自所占的面积百分比，从而测得组织比量[5]。

2.3 木材宏微观特征分析

2.3.1 奥古曼

2.3.1.1 宏观特征

由图 2-1 奥古曼木材三切面可知，奥古曼心边材区别明显，心材新切面浅红褐色，边材灰白色。生长轮不明显。木材纹理直，结构细而均匀。

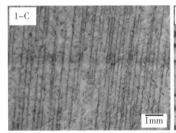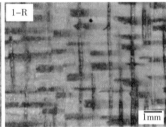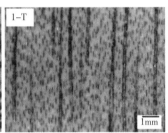

C—横切面；R—径切面；T—弦切面。
图 2-1　奥古曼宏观三切面

2.3.1.2 微观特征

图 2-2 可知，奥古曼的导管横切面卵圆形及圆形，略具多角形轮廓，呈分散型分布。单管孔及径列复管孔（2~7 个，多为 2~3 个），少数管孔团，6~18 个，平均 11 个/mm²，分布为分散型，侵填体未见，螺纹加厚缺如。导管分子单穿孔，管间纹孔式互列，多角形，纹孔口内含，少数外展和合生。穿孔板单一，略倾斜。导管与射线间纹孔式刻痕状及大圆形。木纤维壁薄，长度中等，具缘纹孔略明显；分隔木纤维明显。轴向薄壁组织甚少，疏环管状，常含树胶，晶体未见。

奥古曼木射线 4~6 根/mm；非叠生。单列射线甚少，高 2~9 细胞。多列射线宽 2~3 细胞，高 4~27（多数 8~16）细胞。连接射线可见。射线组织为异形 Ⅱ 型及异形 Ⅲ 型，直立或方形（仅 1 列）射线细胞比横卧射线细胞高或高得多，多列部分射线细胞多为卵圆形或多角形，射线细胞内含硅石及丰富树胶，晶体未见。波痕未见、胞间道未见。

2.3.1.3 纤维形态

由表 2-1 可知，奥古曼的心材、中材和边材的纤维长度分别为 1028.91μm、1153.64μm 和 1049.66μm，根据国际木材解剖学家协会（IAWA）公布木纤维长度分级标准[6]，属中等长度纤维。木材纤维宽度从心材到边材逐渐减小，纤维宽度在 28.59~31.41μm。奥古曼的木纤维长宽比在 33.11~38.43，其中，心材的纤维长宽比略小。心材到边材的壁腔比和腔径比均无明显差异。

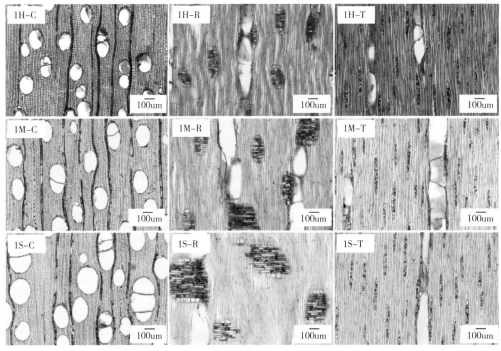

H—心材；M—中材；S—边材；C—横切面；R—径切面；T—弦切面。

图 2-2　奥古曼微观三切面

表 2-1　奥古曼纤维形态特征

	长度/μm	宽度/μm	长宽比	双壁厚/μm	胞腔径/μm	壁腔比	腔径比
心材	1028.91 (13.45)	31.41 (12.62)	33.11 (15.98)	3.71 (24.93)	15.12 (16.26)	0.25 (24.95)	0.77 (7.13)
中材	1153.64 (10.84)	30.30 (11.60)	38.43 (13.18)	4.43 (13.36)	19.98 (12.15)	0.23 (25.99)	0.88 (2.83)
边材	1049.66 (11.02)	28.59 (12.30)	37.13 (13.72)	3.13 (23.36)	15.79 (9.78)	0.20 (31.41)	0.80 (12.26)
均值	1077.40	30.10	36.22	3.76	16.96	0.23	0.82

注：括号内为变异系数。

2.3.1.4　组织比量

由图 2-3 可知，心材到边材的木射线比量逐步增加，而薄壁组织比量逐步减少。相较于其他 8 种木材，奥古曼的导管最丰富，平均导管比量达 19.44%，是非洲紫檀平均导管比量的 2.9 倍。由于导管宽度要远大于纤维，故在木材宏观观察中，可观察到明显且含量丰富的导管。在此 9 种木材中，奥古曼的纤维含量也是最丰富，平均占比达 69.90%。奥古曼的木材薄壁组织比量最小，均值仅为 1.81%，这与薄壁组织在显微镜下几乎不可见的结果相吻合。

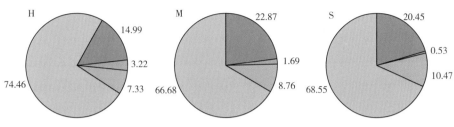

■导管比量/%　■薄壁组织比量/%　■木射线比量/%　■纤维比量/%

H—心材；M—中材；S—边材。

图 2-3　奥古曼木材组织比量

2.3.2　鞋木

2.3.2.1　宏观特征

图 2-4 表明，鞋木心边材区别明显，心材浅红棕色至深红棕色，带有暗紫色或棕色条纹。生长轮略明显。木材纹理直或略交错，结构中，略均匀。

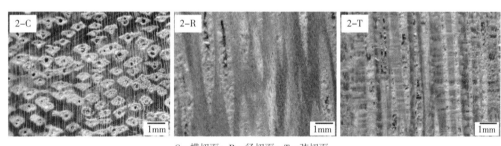

C—横切面；R—径切面；T—弦切面。

图 2-4　鞋木宏观三切面

2.3.2.2　微观特征

图 2-5 表明，鞋木导管横切面卵圆形，少数圆形，呈分散型分布。单管孔及径列复管孔（2~3 个），管间纹孔式互列，1~4 个，平均 3 个/mm²，管孔内含浅褐色至褐色树胶和白色沉积物。穿孔板单一，平行至略倾斜。导管与射线间纹孔式类似管间纹孔式。木纤维壁薄，长度较长，具缘纹孔明显。轴向薄壁组织为聚翼状、翼状，晶体未见。

鞋木木射线 3~6 根/mm；非叠生，单列射线多，高 5~12 个细胞，2 列射线少，高 10~22 细胞。射线组织同行单列及多列，异形 Ⅲ 型。射线细胞内含菱形晶体。波痕未见、胞间道未见。

2.3.2.3　纤维形态

由表 2-2 可知，鞋木的心材到边材其纤维长度为 1579.74~1771.66μm，根据国际木材解剖学家协会（IAWA）公布木纤维长度分级标准[6]，属长纤维。木材边材的木纤维长度比心材和中材的木纤维长度更大，从心材到边材木纤维宽度无明显变化。心材、中材和边材的木纤维长宽比分别为 59.52、56.32 和 66.75，边材的纤维长宽比略高。鞋木的心材纤维双壁厚较小，从心材到边材呈逐步增加趋势，为 4.67~6.64μm，心材到边材的胞腔径、壁腔比和腔径比均无明显差异。

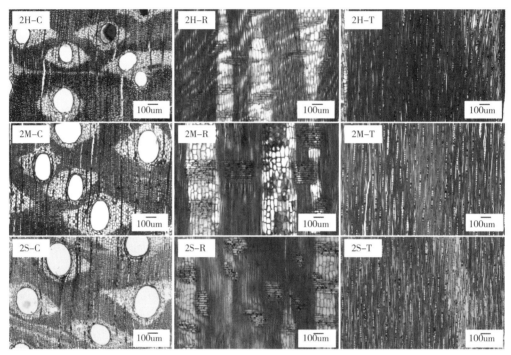

H—心材；M—中材；S—边材；C—横切面；R—径切面；T—弦切面。

图 2-5　鞋木微观三切面

表 2-2　鞋木纤维形态特征

	长度/μm	宽度/μm	长宽比	双壁厚/μm	胞腔径/μm	壁腔比	腔径比
心材	1579.74 (12.26)	26.74 (11.14)	59.52 (13.23)	4.67 (13.50)	15.59 (25.99)	0.32 (29.76)	0.76 (7.50)
中材	1584.87 (11.43)	28.37 (11.10)	56.32 (13.82)	6.42 (16.31)	13.26 (20.63)	0.51 (29.71)	0.69 (8.63)
边材	1771.66 (9.38)	26.84 (11.04)	66.75 (14.00)	6.64 (25.67)	13.82 (16.71)	0.50 (35.73)	0.73 (11.97)
均值	1645.42	27.31	60.86	5.91	14.22	0.44	0.73

注：括号内为变异系数。

2.3.2.4　组织比量

由图 2-6 可知，鞋木的心材、中材和边材的导管比量分别为 7.40%、13.64% 和 11.60%，木射线比量在心材和边材中没有明显变化，其比例维持在 12% 左右。鞋木的薄壁组织在 9 种木材中最为丰富，心材、中材和边材的木材薄壁组织比量分别为 20.19%、

20.36%和21.88%。相较于其他8种木材，鞋木中纤维比量最低，但其比量仍超过50%，表明在研究的9种木材中，纤维是组成其木材的最主要细胞类型，鞋木的心材、中材和边材的纤维占比分别为61.03%、53.12%和54.63%，边材纤维比量相比于心材更小。

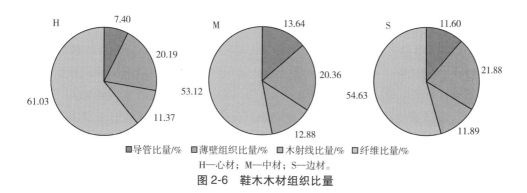

■导管比量/% ■薄壁组织比量/% ■木射线比量/% ■纤维比量/%
H—心材；M—中材；S—边材。
图 2-6 鞋木木材组织比量

2.3.3 圆盘豆

2.3.3.1 宏观特征

由图 2-7 可知，圆盘豆的心边材区别明显，心材金黄褐色略带绿色调，久露大气中变为红棕色，具深色细条纹，边材浅粉红色。生长轮不明显。木材纹理交错，结构略粗。

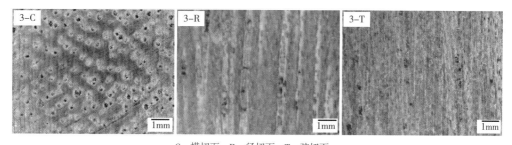

C—横切面；R—径切面；T—弦切面。
图 2-7 圆盘豆宏观三切面

2.3.3.2 微观特征

由图 2-8 可知，圆盘豆导管横切面圆形及卵圆形，略具多角形轮廓，主为分散型分布，有时略规则斜列。单管孔，少数径列复管孔（2~3 个），稀管孔团，3~5 个，平均 4 个/mm²，导管内常含树胶，螺纹加厚缺如。管间纹孔式互列，多角形，系附物纹孔。穿孔板单一，略倾斜。导管与射线间纹孔式类似管间纹孔式。木纤维壁甚厚，长度中至略长，单纹孔略具狭缘，分隔木纤维未见。轴向薄壁组织翼状，少数聚翼状，薄壁细胞常含树胶，具分室含晶细胞，菱形晶体达 15 个或以上。

圆盘豆木射线 3~7 根/mm；非叠生，但局部有时呈整齐斜列。多列射线宽 2~4 细胞；高 6~27（多数 15~20）细胞。射线组织同形多列。射线细胞多列部分多为圆形及卵圆形；

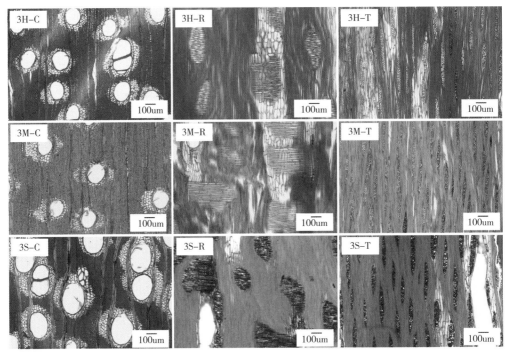

H—心材；M—中材；S—边材；C—横切面；R—径切面；T—弦切面。

图 2-8　圆盘豆微观三切面

细胞内树胶丰富；晶体未见。波痕未见、胞间道未见。

2.3.3.3　纤维形态

由表 2-3 可知，圆盘豆的心材、中材和边材纤维长度分别为 1418.27μm、1559.44μm 和 1317.57μm，根据国际木材解剖学家协会(IAWA)公布木纤维长度分级标准[6]，属中纤维。木材边材的纤维长度略小，木纤维宽度从心材到边材无明显差异。圆盘豆的木材纤维长宽比为 60.54~65.91。心材、中材和边材纤维双壁厚分别为 6.75μm、6.40μm 和 9.91μm，与心材和中材相比，边材的纤维壁略厚。胞腔径和腔径比从心材到边材逐步减小，边材的壁腔比远大于心材和中材。

表 2-3　圆盘豆纤维形态特征

	长度/μm	宽度/μm	长宽比	双壁厚/μm	胞腔径/μm	壁腔比	腔径比
心材	1418.27 (14.97)	21.75 (13.90)	65.91 (15.42)	6.75 (22.32)	10.36 (24.95)	0.68 (27.91)	0.66 (40.61)
中材	1559.44 (9.89)	24.83 (12.26)	63.71 (15.32)	6.40 (14.92)	8.92 (24.38)	0.76 (29.96)	0.62 (10.19)
边材	1317.57 (9.66)	22.22 (16.91)	60.54 (15.49)	9.91 (15.92)	1.73 (18.62)	6.03 (31.89)	0.14 (28.59)
均值	1431.76	22.93	63.39	7.69	7.01	2.49	0.47

注：括号内为变异系数。

2.3.3.4　组织比量

由图 2-9 可知，圆盘豆的木材导管和薄壁组织比量在 9 种木材中均属中等水平。其心材、中材和边材的导管比量分别为 10.24%、8.32% 和 15.23%，导管在主要四种细胞类型中所占比例从心材到边材表现为先略微减小而后增加，边材中导管含量丰富。心材、中材和边材中纤维比量分别为 59.07%、66.19% 和 53.82%，木材纤维比量在心材和边材中有较为明显的差异。心材、中材和边材中木射线比量分别为 15.54%、13.99% 和 17.00%，边材中木射线比量相对较高。

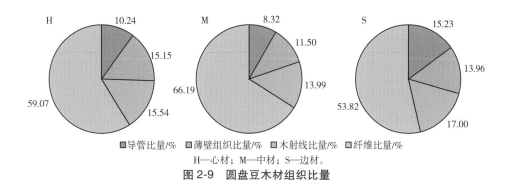

H—心材；M—中材；S—边材。
图 2-9　圆盘豆木材组织比量

2.3.4　两蕊苏木

2.3.4.1　宏观特征

由图 2-10 可知，两蕊苏木心边材区别明显，心材黄或黄褐色，边材浅黄白色。生长轮不明显。木材纹理交错，结构细而均匀。

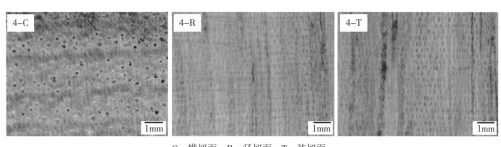

C—横切面；R—径切面；T—弦切面。
图 2-10　两蕊苏木宏观三切面

2.3.4.2　微观特征

由图 2-11 可知，两蕊苏木导管横切面卵圆形，少数圆形，略具多角形轮廓，呈分散型分布，少数弦列。单管孔，少数径列复管孔（2~3 个），3~8 个，平均 5 个/mm²，具深色树胶或沉积物，螺纹加厚缺如。管间纹孔式互列，多角形，系附物纹孔。导管分子叠生。穿孔板单一，平行至略倾斜。导管与射线间纹孔式类似管间纹孔式。木纤维壁薄至厚，长度中至略长，单纹孔略具狭缘；具分隔木纤维。轴向薄壁组织丰富，为聚翼状、翼状及少数带状(3~7细胞)，具分室含晶细胞，内含菱形晶体可达4个或以上，具硅石，叠生。

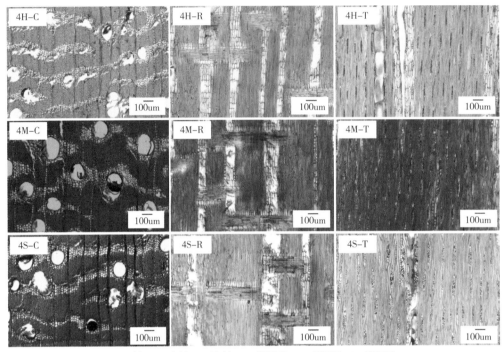

H—心材；M—中材；S—边材；C—横切面；R—径切面；T—弦切面。

图2-11 两蕊苏木微观三切面

两蕊苏木木射线4~8根/mm，叠生。多列射线宽2~3细胞，高9~15细胞。射线组织异形多列，直立或方形射线细胞比横卧射线细胞略高，射线细胞多为卵圆形及圆形，略具多角形轮廓。射线细胞内树胶及晶体未见。波痕未见、胞间道未见。

2.3.4.3 纤维形态

由表2-4可知，两蕊苏木的心材、中材和边材纤维长度分别为1460.67μm、1636.25μm和1602.61μm，根据国际木材解剖学家协会(IAWA)公布木纤维长度分级标准[6]，属中纤维。心材的木纤维长度较小，木纤维宽度心材到边材略微增加，为21.95~24.91μm。心材、中材和边材的纤维长宽比分别为67.66、70.07和64.97。从心材到边材纤维双壁厚呈波动性增加，为5.63~6.54μm，胞腔径、腔径比和壁腔比无明显差异。

表2-4 两蕊苏木纤维形态特征

	长度/μm	宽度/μm	长宽比	双壁厚/μm	胞腔径/μm	壁腔比	腔径比
心材	1460.67 (7.84)	21.95 (13.20)	67.66 (15.30)	5.63 (12.150)	6.73 (25.17)	0.89 (27.44)	0.63 (10.95)
中材	1636.25 (6.26)	23.58 (11.41)	70.07 (10.80)	6.54 (16.07)	6.30 (28.97)	1.14 (38.89)	0.54 (15.63)

（续）

	长度/μm	宽度/μm	长宽比	双壁厚/μm	胞腔径/μm	壁腔比	腔径比
边材	1602.61 (6.79)	24.91 (10.41)	64.97 (12.09)	6.10 (16.23)	7.77 (19.21)	0.82 (32.49)	0.62 (11.25)
均值	1566.51	23.48	67.56	6.09	6.93	0.95	0.60

注：括号内为变异系数。

2.3.4.4 组织比量

由图 2-12 为两蕊苏木心材、中材和边材的各组织比量对比，两蕊苏木的导管比量、木射线比量和纤维比量从心材到边材均缓慢增加，变化范围分别为 8.07%～11.41%、8.61%～10.54%、61.97%～65.57%，变化幅度小；薄壁组织比量从心材的 21.36% 减少至边材的 12.48%，心材可以观察到含有较为丰富的薄壁组织，而边材薄壁组织含量较小。

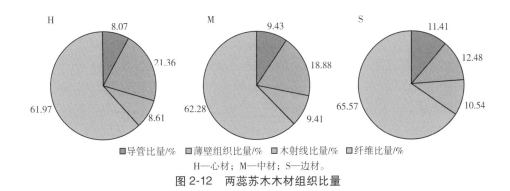

■导管比量/%　■薄壁组织比量/%　■木射线比量/%　■纤维比量/%
H—心材；M—中材；S—边材。

图 2-12　两蕊苏木木材组织比量

2.3.5　象牙海岸格木

2.3.5.1　宏观特征

由图 2-13 可知，象牙海岸格木的心边材区别明显，心材栗红褐色，边材奶油黄色。生长轮不明显。木材纹理直，结构粗。

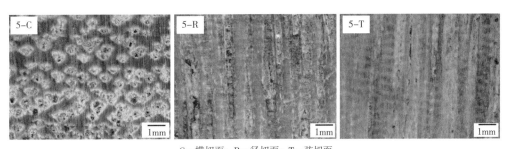

C—横切面；R—径切面；T—弦切面。

图 2-13　象牙海岸格木宏观三切面

2.3.5.2 微观特征

由图 2-14 可知，象牙海岸格木导管横切面卵圆形，少数近圆形，略具多角形轮廓，呈分散型分布。单管孔，少数径列复管孔(2~3 个)，偶见管孔团，散生，1~4 个，平均 3 个/mm²，部分管孔内含树胶及黄色沉积物，螺纹加厚缺如。管间纹孔式互列，多角形，系附物纹孔。穿孔板单一，平行至略倾斜。导管与射线间纹孔式类似管间纹孔式。木纤维壁甚厚，长度较长，单纹孔略具狭缘，数少。轴向薄壁组织丰富，为翼状及聚翼状，具分室含晶细胞，内含菱形晶体可达 10 个或以上。

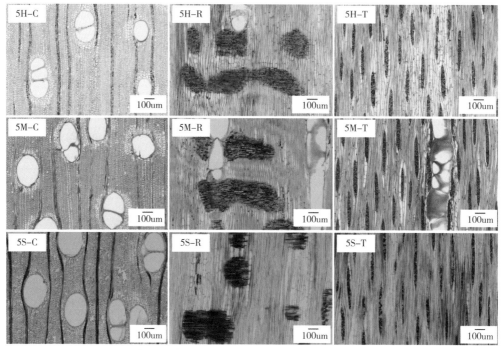

H—心材；M—中材；S—边材；C—横切面；R—径切面；T—弦切面。

图 2-14 象牙海岸格木微观三切面

象牙海岸格木木射线 8~10 根/mm，局部排列整齐。单列射线少，高 3~13 细胞；多列射线宽 2 列细胞，高 6~18(多数 10~15)细胞。射线组织同形单列及多列，或同形多列。射线细胞多列，部分多为卵圆形，少数细胞含树胶，晶体未见。波痕未见、胞间道未见。

2.3.5.3 纤维形态

由表 2-5 可知，象牙海岸格木的心材、中材和边材纤维长度分别为 1432.78μm、1813.99μm 和 1890.42μm，根据国际木材解剖学家协会(IAWA)公布木纤维长度分级标准[6]，属长纤维。木纤维宽度心材到边材无明显变化。木材从心材到边材纤维长宽比在逐渐增加，为 53.51~84.95。木材从心材到边材纤维双壁厚呈波动性减小，胞腔径、腔径比和壁腔比无明显差异。

表 2-5　象牙海岸格木纤维形态特征

	长度/μm	宽度/μm	长宽比	双壁厚/μm	胞腔径/μm	壁腔比	腔径比
心材	1432.78 (15.06)	27.05 (12.47)	53.51 (16.21)	4.63 (27.48)	15.15 (15.92)	0.32 (36.68)	0.76 (7.90)
中材	1813.99 (7.56)	27.46 (15.28)	67.39 (15.68)	6.04 (15.35)	14.34 (14.43)	0.43 (22.94)	0.74 (9.00)
边材	1890.42 (11.52)	22.85 (16.24)	84.95 (20.71)	3.57 (41.63)	13.08 (16.54)	0.29 (51.27)	0.77 (8.77)
均值	1712.40	25.79	68.61	4.75	14.19	0.35	0.76

注：括号内为变异系数。

2.3.5.4　组织比量

由图 2-15 可知，象牙海岸格木心材到边材纤维比量变化较为明显，从心材的 64.83% 减小为边材的 54.14%。导管比量、薄壁组织比量和木射线比量在 9 种木材中处于中等水平，心材到边材的导管比量、薄壁组织比量和木射线比量在逐渐增加，边材可观察到翼状及聚翼状的薄壁组织含量丰富。

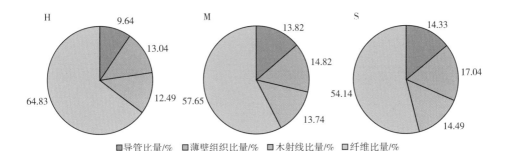

■导管比量/%　■薄壁组织比量/%　■木射线比量/%　□纤维比量/%
H—心材；M—中材；S—边材。
图 2-15　象牙海岸格木木材组织比量

2.3.6　翼红铁木

2.3.6.1　宏观特征

由图 2-16 可知，翼红铁木心边材区别明显，心材红褐色至暗褐色，边材粉红色，生长轮略明显。木材纹理直，结构粗。

2.3.6.2　微观特征

由图 2-17 可知，导管横切面圆形，少数卵圆形，呈分散型分布。单管孔及径列复管孔(2~4 个，多数 2~3 个)，3~8 个，平均 6 个/mm²，褐色或深色树胶和沉积物丰富，螺纹加厚缺如。导管分子单穿孔，管间纹孔式互列，多角形，穿孔板单一，略倾斜。木纤维壁甚厚，长度较长，分隔木纤维未见。轴向薄壁组织带状(宽 3~4 个细胞)。常含深色树胶，晶体未见。

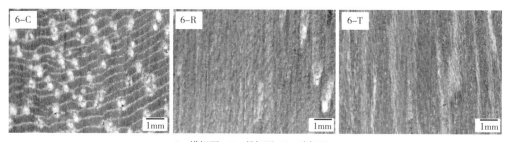

C—横切面；R—径切面；T—弦切面。

图 2-16 翼红铁木宏观三切面

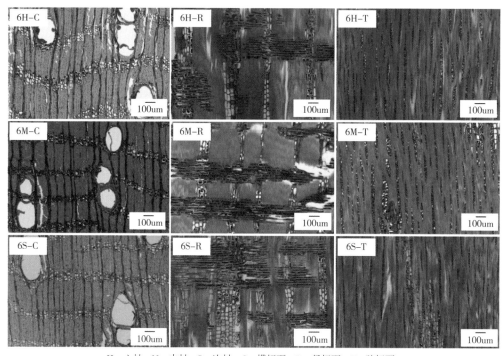

H—心材；M—中材；S—边材；C—横切面；R—径切面；T—弦切面。

图 2-17 翼红铁木微观三切面

翼红铁木木射线 3~6 根/mm；非叠生，单列射线较少，多列射线宽 2~3 个细胞，高 11~20 细胞，同一射线内偶见两次多列部分。射线组织同行单列及多列，射线细胞含丰富的树胶，多列部分多为卵圆形及圆形，晶体未见。波痕未见、胞间道未见。

2.3.6.3 纤维形态

由表 2-6 可知，翼红铁木木材从心材到边材纤维长度为 1607.82~1752.44μm，根据国际木材解剖学家协会(IAWA)公布木纤维长度分级标准[6]，属长纤维。木材从心材到边材纤维宽度无明显变化。木材从心材到边材纤维长宽比为波动性增加，为 53.83~59.02。木材从心材到边材纤维双壁厚呈波动性减小，胞腔径、腔径比和壁腔比变化无明显差异。

表 2-6 翼红铁木纤维形态特征

	长度/μm	宽度/μm	长宽比	双壁厚/μm	胞腔径/μm	壁腔比	腔径比
心材	1686.76 (10.88)	31.72 (12.46)	53.83 (14.94)	14.19 (10.10)	2.23 (25.21)	6.67 (22.45)	0.12 (22.91)
中材	1752.44 (10.77)	30.20 (15.62)	59.02 (15.15)	12.16 (16.34)	2.82 (26.42)	4.55 (25.11)	0.14 (20.78)
边材	1607.82 (9.59)	29.92 (13.61)	54.66 (15.98)	12.32 (15.45)	3.00 (36.86)	4.70 (40.69)	0.15 (32.64)
均值	1682.34	30.61	55.83	12.89	2.68	5.30	0.14

注：括号内为变异系数。

2.3.6.4 组织比量

由图 2-18 可知，翼红铁木心材、中材和边材的薄壁组织比量分别为 14.59%、15.28% 和 15.45%，纤维比量分别为 57.52%、58.60% 和 61.29%，心材到边材的薄壁组织比量和纤维比量无明显变化。翼红铁木心材、中材和边材的导管比量分别为 9.60%、9.70% 和 6.29%，导管含量较低，这也验证了木材宏观观察中发现翼红铁木材质较为密实的结果。9 种木材中翼红铁木的木射线含量最高，心材、中材和边材的木射线组织比量分别为 18.29%、16.42% 和 16.98%，心材到边材的木射线比量变化不明显。

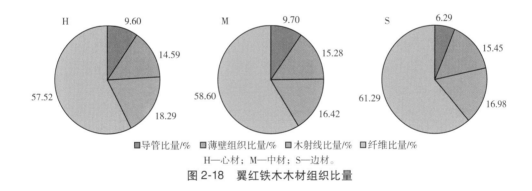

■导管比量/% ■薄壁组织比量/% ■木射线比量/% □纤维比量/%
H—心材；M—中材；S—边材。
图 2-18 翼红铁木木材组织比量

2.3.7 单瓣豆

2.3.7.1 宏观特征

由图 2-19 可知，单瓣豆心材粉褐色，与边材区分不明显，边材色浅。生长轮略明显，介以轮界薄壁组织带。木材纹理交错，结构细而均匀。

2.3.7.2 微观特征

由图 2-20 可知，单瓣豆导管横切面卵圆形及圆形，略具多角形轮廓，呈分散型分布。主为单管孔，少数径列复管孔（2~4 个，多数 2~3 个），稀管孔团，4~6 个，平均 5 个/mm²，具少量树胶，螺纹加厚未见。管间纹孔式互列，多角形；纹孔口内含，呈透镜形，有时合生呈线形；系附物纹孔。穿孔板单一，略倾斜。导管与射线间纹孔式类似管间纹孔式。木纤维壁甚薄，长度中等，具缘纹孔多而明显。轴向薄壁组织主为翼状，少数聚翼状及环管状，稀轮界状，薄壁细胞含少量树胶，晶体未见。

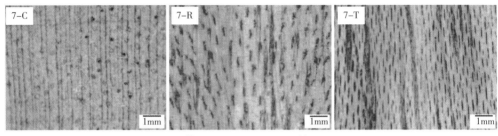

C—横切面；R—径切面；T—弦切面。

图 2-19　单瓣豆宏观三切面

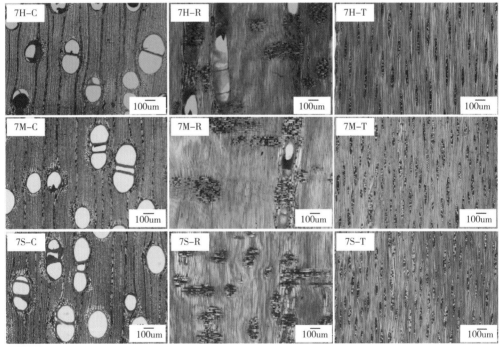

H—心材；M—中材；S—边材；C—横切面；R—径切面；T—弦切面。

图 2-20　单瓣豆微观三切面

单瓣豆木射线 8~11 根/mm，非叠生。单列射线（偶成对）高 1~35（多数 12~22）细胞。射线组织为异形单列。直立或方形射线细胞比横卧射线细胞高或高得多，射线细胞多含树胶，晶体未见。波痕未见、胞间道未见。

2.3.7.3　纤维形态

由表 2-7 可知，单瓣豆木材从心材到边材纤维长度为 1044.20~1234.68μm，根据国际木材解剖学家协会（IAWA）公布木纤维长度分级标准[6]，属中纤维。木材心材到边材木纤维宽度无明显变化。木材从心材到边材纤维长宽比在波动性变化，为 41.42~56.39。木材从心材到边材纤维双壁厚逐步增加，胞腔径、腔径比和壁腔比无明显差异。

表 2-7 单瓣豆纤维形态特征

	长度/μm	宽度/μm	长宽比	双壁厚/μm	胞腔径/μm	壁腔比	腔径比
心材	1044.20 (9.34)	25.50 (13.19)	41.42 (12.09)	2.99 (16.26)	12.53 (14.25)	0.24 (17.93)	0.77 (9.95)
中材	1234.68 (12.71)	22.05 (13.63)	56.39 (11.51)	3.75 (16.55)	12.38 (13.97)	0.31 (23.89)	0.79 (7.31)
边材	1169.05 (12.57)	22.05 (10.20)	53.63 (17.43)	4.11 (20.29)	9.79 (11.50)	0.43 (25.42)	0.63 (10.16)
均值	1149.31	23.20	50.48	3.62	11.57	0.33	0.73

注：括号内为变异系数。

2.3.7.4 组织比量

由图 2-21 可知，单瓣豆木纤维比量在其心材、中材和边材中分别为 72.41%、60.37% 和 54.73%，心材到边材的纤维含量逐渐降低，且变化幅度较大。心材到边材的导管比量、薄壁组织比量和木射线比量均在逐渐增加，其中，导管比量从心材的 12.16% 增加到边材的 18.04%，薄壁组织比量从心材的 4.49% 增加到边材的 10.37%，木射线比量从心材的 10.95% 增加到边材的 16.86%，单瓣豆心材和边材的组织比量差异较为明显。

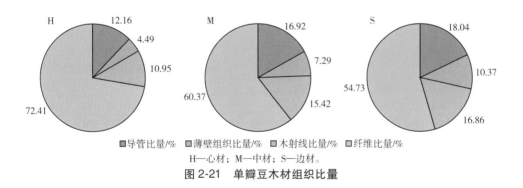

图 2-21 单瓣豆木材组织比量

2.3.8 腺瘤豆

2.3.8.1 宏观特征

由图 2-22 可知，腺瘤豆的心边材区别明显，心材浅褐色或金黄褐色，边材灰白色至灰黄色。生长轮不明显。木材纹理交错，结构粗。

2.3.8.2 微观特征

图 2-23 可知，腺瘤豆导管横切面卵圆形，略具多角形轮廓，呈分散型分布。主为

单管孔，少数径列复管孔(2~3个)，极少管孔团，平均 3 个/mm²，具树胶，螺纹加厚缺如。管间纹孔式互列，多角形，纹孔口内含，透镜形，系附物纹孔。穿孔板单一，略倾斜。导管与射线间纹孔式类似管间纹孔式。管孔内含浅色蜡质沉积物或褐色树胶。木纤维壁薄至厚，长度中至略长，分隔木纤维普遍。轴向薄壁组织为环管束状、翼状、少数聚翼状、轮界状及星散状，部分细胞含树胶，分室含晶细胞普遍，菱形晶体可达 20 个或以上。

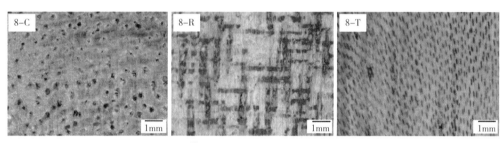

C—横切面；R—径切面；T—弦切面。
图 2-22　腺瘤豆宏观三切面

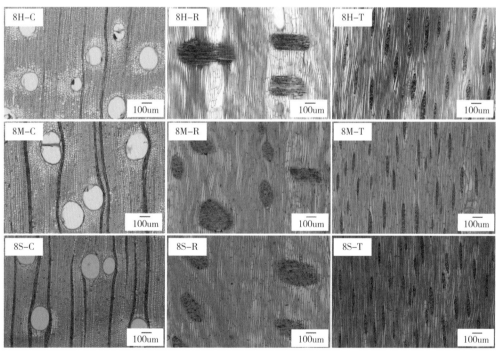

H—心材；M—中材；S—边材；C—横切面；R—径切面；T—弦切面。
图 2-23　腺瘤豆微观三切面

腺瘤豆木射线 4~7 根/mm；非叠生。多列射线宽 2~5 细胞，高 7~36(多数 15~25)细胞。射线组织同形多列，多列部分射线细胞多为卵圆形。射线细胞多充满树胶，晶体未见。波痕未见、胞间道未见。

2.3.8.3 纤维形态

由表 2-8 可知，腺瘤豆木材从心材到边材纤维长度为 1057.01~1579.11μm，根据国际木材解剖学家协会(IAWA)公布木纤维长度分级标准[6]，属中纤维。木材心材到边材木纤维宽度无明显变化。木材从心材到边材纤维长宽比逐渐增加，为 40.43~60.05。木材从心材到边材纤维双壁厚逐渐减小，为 3.94~5.69，胞腔径、腔径比和壁腔比无明显差异。

表 2-8 腺瘤豆纤维形态特征

	长度/μm	宽度/μm	长宽比	双壁厚/μm	胞腔径/μm	壁腔比	腔径比
心材	1057.01 (19.34)	26.59 (17.42)	40.43 (20.58)	5.69 (16.81)	16.26 (16.12)	0.36 (30.66)	0.71 (8.98)
中材	1505.92 (11.03)	27.74 (10.41)	54.68 (12.36)	4.88 (13.05)	16.94 (24.58)	0.30 (25.93)	0.83 (4.81)
边材	1579.11 (12.64)	26.51 (11.51)	60.05 (14.73)	3.94 (21.69)	16.89 (9.90)	0.24 (26.36)	0.75 (6.59)
均值	1380.68	26.95	51.72	4.84	16.70	0.30	0.77

注：括号内为变异系数。

2.3.8.4 组织比量

由图 2-24 可知，腺瘤豆心材、中材和边材中纤维比量分别为 65.69%、61.56% 和 59.99%，其心材、中材和边材中木射线比量分别为 8.05%、10.23% 和 13.06%，腺瘤豆从心材到边材木纤维比量逐渐降低，木射线比量逐渐增加。木材中薄壁组织所占比例较高，在木材微观观察中可以看到较为丰富的主要为环管束状和翼状的薄壁组织，与宏观观察的结果吻合。

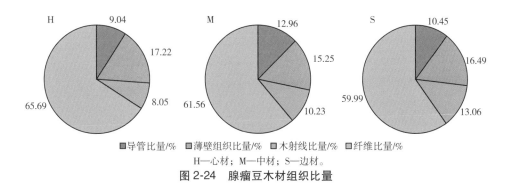

图 2-24 腺瘤豆木材组织比量

2.3.9 非洲紫檀

2.3.9.1 宏观特征

由图 2-25 可知，非洲紫檀心边材区别明显，心材新切面血红色，久则变为紫红褐色，边材黄白色。生长轮不明显。木材纹理直至略交错，结构中等。

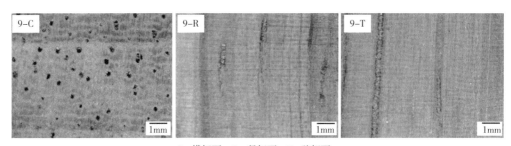

C—横切面；R—径切面；T—弦切面。
图 2-25 非洲紫檀宏观三切面

2.3.9.2 微观特征

由图 2-26 可知，非洲紫檀导管横切面卵圆形或圆形，有时略具多角形轮廓，呈分散型分布。单管孔，少数径列复管孔（2~8 个，多数 2~3 个），稀管孔团，1~7 个，平均 2 个/mm²，树胶偶见，螺纹加厚缺如。管间纹孔式互列，多角形，系附物纹孔。导管分子叠生。穿孔板单一，平行至略倾斜。导管与射线间纹孔式类似管间纹孔式。含深色或褐色树胶和沉积物。木纤维壁薄至厚，长度中等，叠生，具缘纹孔略明显。轴向薄壁组织主为傍管带状（宽 1~7 细胞），聚翼状及翼状；具分室含晶细胞，内含菱形晶体可达 13 个或以上，具纺锤薄壁细胞，叠生。

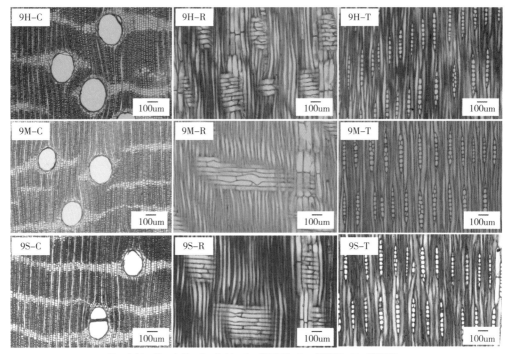

H—心材；M—中材；S—边材；C—横切面；R—径切面；T—弦切面。
图 2-26 非洲紫檀微观三切面

非洲紫檀木射线8~11根；叠生。射线单列(稀成对或2列)；高2~13(多数7~11)细胞。射线组织同形单列。射线细胞内含少量树胶，晶体未见。波痕未见、胞间道未见。

2.3.9.3 纤维形态

由表2-9可知，非洲紫檀木材从心材到边材纤维长度为1283.3~1457.28μm，根据国际木材解剖学家协会(IAWA)公布木纤维长度分级标准[6]，属中纤维。木材心材到边材木纤维宽度逐步减小，为25.24~33.49。木材从心材到边材纤维长宽比逐渐增加，为39.54~51.87。木材从心材到边材纤维双壁厚波动性减小，胞腔径、腔径比和壁腔比无明显差异。

表2-9　非洲紫檀纤维形态特征

	长度/μm	宽度/μm	长宽比	双壁厚/μm	胞腔径/μm	壁腔比	腔径比
心材	1306.26 (10.67)	33.49 (13.11)	39.54 (14.98)	4.65 (17.34)	14.35 (17.75)	0.34 (25.54)	0.70 (7.86)
中材	1457.28 (9.34)	29.29 (9.32)	50.10 (12.21)	5.14 (9.30)	15.53 (15.30)	0.34 (16.92)	0.82 (4.00)
边材	1283.30 (9.26)	25.24 (14.26)	51.87 (17.19)	3.81 (19.650)	15.61 (14.65)	0.25 (22.28)	0.75 (6.95)
均值	1348.95	29.34	47.17	4.53	15.16	0.31	0.76

注：括号内为变异系数。

2.3.9.4 组织比量

由图2-27可知，非洲紫檀心材、中材和边材中木纤维比量分别为63.95%、65.35%和66.10%，其心材、中材和边材中薄壁组织比量分别为19.84%、16.14%和18.52%，木材中纤维和薄壁组织含量丰富。非洲紫檀导管比量相较于其他9种木材，属于最小，其心材、中材和边材中导管比量分别为8.79%、7.27%和3.91%，这也是其木材宏观观察结构更为致密的原因。

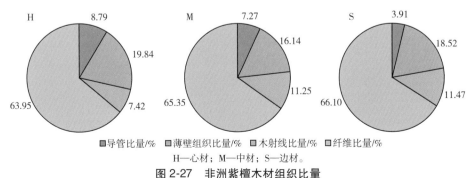

图2-27　非洲紫檀木材组织比量

2.4　9种非洲木材纤维特性聚类分析

本分析借助 Origin 软件，以每种木材的纤维测量平均值(纤维长、纤维宽、双壁厚、胞腔径、长宽比、壁腔比和腔径比)原始数据作为变量，用平方欧式距离定义样本间的距离，采用组间连接法对9种木材进行聚类分析，该方法是一种自底而上的策略，主要在初始时将每个个体视为单独的一个簇类，根据个体间的距离和相似性原则进行合并，不断成为更大的簇，直至所有个体合并为一个簇或达到某种条件[7]。获得到9种木材纤维特性样品的树状聚类图(图2-28)。由图2-28可见，并类距离约为120时，9种木材样品可聚类为4簇类：奥古曼和单瓣豆聚为一簇类；圆盘豆、腺瘤豆和非洲紫檀聚为一簇类；鞋木、象牙海岸格木和翼红铁木聚为一簇类；两蕊苏木为单独一簇类。处于同一簇类的木材，在纤维上具有的类似的纤维形态特征。

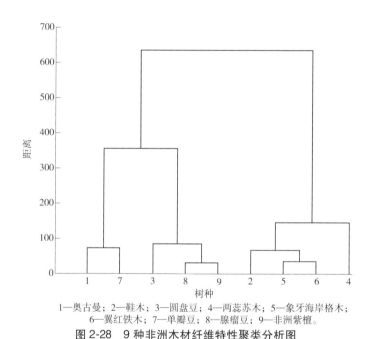

1—奥古曼；2—鞋木；3—圆盘豆；4—两蕊苏木；5—象牙海岸格木；
6—翼红铁木；7—单瓣豆；8—腺瘤豆；9—非洲紫檀。

图 2-28　9种非洲木材纤维特性聚类分析图

2.5　本章小结

观察木材宏微观三切面构造特征发现，9种木材管孔呈分散型分布，均属于散孔材，两蕊苏木、圆盘豆两种木材中偶见弦列或斜列分布；单瓣豆心边材区别不明显，其余8种木材心边材区别明显；单瓣豆、鞋木和翼红铁木生长轮略明显，其余不明显；管孔类型主为单管孔，少数径列复管孔(2~3个居多)，管间纹孔式互列，穿孔板单一，多为平行至略倾斜；除象牙海岸格木、奥古曼外，其余木材管孔内均含有沉积物或树胶，其中翼红铁木管孔内黄白色沉积物尤为丰富。显微镜下观察奥古曼薄壁组织几乎不见，其余8种木材均含有丰富的薄壁组织，翼状、聚翼状和带状居多。单瓣豆、腺瘤豆、圆盘豆、翼红铁木和奥古曼的射线细胞内含丰富的树胶。鞋木的射线细胞内含菱形晶体，其余木材射线细胞内均不含晶体。9种木材均未见波痕和胞间道。

从纤维形态测量结果看，木材纤维最长和最短的分别是象牙海岸格木和奥古曼，纤维长度分别为1712.40μm、1077.40μm；9种木材中，象牙海岸格木、翼红铁木、鞋木3种木材纤维属于长纤维，其余6种木材均属于中等长度纤维。纤维宽度各树种之间差异不明显，最宽和最窄的分别是翼红铁木和圆盘豆，宽度分别为30.61μm、22.93μm。纤维长宽比最大和最小的分别是象牙海岸格木、奥古曼，长宽比分别为68.61、36.22，纤维长宽比越大的木材内部结合力越强。纤维壁腔比最大和最小的分别是翼红铁木和奥古曼，壁腔比分别为5.30、0.23；纤维腔径比最大和最小的分别是奥古曼和翼红铁木，分别为0.82、0.14；由于纤维是构成木材的主要结构，翼红铁木木材纤维壁厚腔小，观察可知其材质致密，而奥古曼木材纤维壁薄、细胞空腔大，材质疏松。

对比9种木材的组织比量可知，导管比量最高和最低的木材分别为奥古曼（19.44%）和非洲紫檀（6.65%）；纤维比量最高和最低分别为奥古曼（69.90%）和鞋木（56.26%）；木射线比量最高和最低分别为翼红铁木（17.23%）和奥古曼（8.85%）；薄壁组织比量最高和最低分别为鞋木（17.23%）和奥古曼（1.81%）。木材组织比量的研究是寻找木材解剖构造特征与其他材性之间联系的重要手段，9种木材中，奥古曼的导管和纤维比量都很高，但通过对纤维形态的测量，奥古曼的纤维具有腔大壁薄的特点。非洲紫檀和鞋木的薄壁组织极为丰富，奥古曼在显微镜下几乎看不见薄壁组织。

参考文献

[1] 王瑞文，郭赟，周忠诚. 杨树育种研究进展[J]. 湖北林业科技，2016，45(6)：33-35+80.

[2] 张黎，赵荣军，费本华. 人工林木材材性预测研究进展[J]. 西北林学院学报，2008(2)：160-163.

[3] 苌姗姗. 尾巨桉木材解剖特性和物理力学性质及其变异的研究[D]. 长沙：中南林业科技大学，2006.

[4] 费本华. 铜钱树木材纤维形态特征和组织比量变异的研究[J]. 东北林业大学学报，1994(4)：61-67.

[5] 卢翠香，徐峰，覃引鸾，等. 人工林马尾松晚材率、年轮宽度和组织比量变异研究[J]. 广西林业科学，2012，41(2)：81-85.

[6] Wheeler E，Baas P，Gasson P E. IAWA list of microscopic features for softwood identification [J]. IAWA Bull，2004，10(3)：219-332.

[7] 高天阳，蒋亚奇，李启艳，等. 基于聚类分析和主成分分析的红参高效液相色谱特征图谱研究[J]. 食品安全质量检测学报，2021，12(16)：6621-6627.

典型非洲木材物理性能 3

3.1 引言

木材适不适合做地板，木材尺寸稳定性如何，木材花纹是否迎合设计风格，木材拼接适合何种胶黏剂，木材进行涂装时如何把控涂料光泽……在木制品生产加工过程中，诸多问题都涉及各种木材物理性能指标，而对于大部分进口非洲木材却鲜有报道。但是要利用好非洲木材，生产高质量的木制品，分析其关键物理性能十分重要。何种非洲木材适合做地板用材，何种非洲木材适合做美式风格家具，何种木材适合做护墙板……对于判断木材适合的应用领域，充分认识其基本物理材性是前提，也是充分合理利用木材的重要基础。本章选取 9 种典型非洲木材，研究其木材密度、干缩性、花纹、材色、白度、光泽度、表面润湿性等基础物理材性指标，为高效率、高质量、高价值利用非洲进口木材提供参考借鉴。

3.2 试验材料与方法

3.2.1 试验材料

9 种典型非洲木材锯解加工成板材、干燥后，挑选出表面无节子、材质均匀的板材，避免变色、腐朽、表裂、端裂、应力木等缺陷[2]，放在温度 20℃±2℃、相对湿度 65%±5% 的调温调湿房内存放 6 个月以上，用于物理力学性质、表面特性、机械加工性能、涂饰性能试验。

根据国家标准 GB/T 1929—2009《木材物理力学试材锯解及试样截取方法》、GB/T 1927～1941—2009 木材物理力学试验方法系列标准、GB/T 1931—2009《木材含水率测定方法》中的要求，每种木材加工出 50 个 20mm×20mm×20mm（纵×弦×径）试件，用于木材密度、含水率、干缩性的测试。选取材色均匀、表面无明显缺陷的板材，挑选板材时须根据木材纹理方向，挑选出弦切板和径切板，每种木材加工出 5 块标准弦切板 180mm×120mm×15mm（纵×弦×径）和 5 块标准径切板 180mm×120mm×15mm（纵×径×弦）试件，试件表面用 240 目砂纸打磨至平整光滑无毛刺，用于木材表面花纹、材色、白度、光泽度、表面润湿性等的测试。

3.2.2　密度

密度指单位体积物体的质量，木材密度包括气干密度、绝干密度、基本密度[3]。木材气干密度指木材在大气条件下，达到气干状态时的质量与体积的比值；绝干密度指木材干燥至绝干状态时的质量与绝干材体积的比值；基本密度指木材在绝干状态下的质量与生材体积的比值[4]。试验依据国家标准 GB/T 1933—2009《木材密度测定方法》测定 9 种典型非洲木材的气干密度、全干密度、基本密度。为了方便比较不同树种之间的材性，使用 12% 含水率下的气干密度和基本密度。

3.2.3　干缩性

干缩性的影响体现在木制品中常见的是板件开裂、框架变形、活动部件卡死等问题，这是由于不同树种的不同木材构造和密实度而造成。在木材物理性能中干缩性是重要指标之一，它直接决定着木材尺寸稳定性，同时它还是木材原料及其制品变形开裂的根源所在。试验依据国家标准 GB/T 1932—2009《木材干缩性测定方法》测定 9 种典型非洲木材的气干干缩率、全干干缩率。

3.2.4　木材花纹

随机选取 9 种非洲木材板材，试件大小为 300mm×150mm×20mm（纵×弦×径），每种木材至少 8 块。通过数码相机抓取所有试件表观纹理照片。通过 Photoshop 软件对所有试件纹理照片进行可去色灰度处理，然后再进行数据测量。根据图 3-1，首先将木材纹理灰度图等分成 9 份，然后在每一份内木材纹理上取 3 个特征点，记录下数值较大、中、小各 1 个。利用字母 a 来表示木材纹理宽度，利用字母 b 来表示两条纹理之间的垂直间距。在 Photoshop 软件中利用 $L^* a^* b^*$ 色彩空间中的明度值 L 大小来表示木材纹理强弱，利用字母 c 表示早材纹理的明度，利用字母 d 来表示晚材纹理的明度。测量完毕后用 a 跟 b 的比值表示木材纹理的密度，c 跟 d 的比值表示木材纹理的强度。

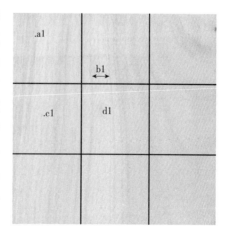

图 3-1　木材花纹 Photoshop
软件表征测试示意图

3.2.5 材色

色彩是人的眼睛对于不同频率的光线的不同感受，色彩既是客观存在的（不同频率的光）又是主观感知的，有认识差异[5]。因此，为了颜色的标准化，国际照明委员会（Commission International de I'Eclairage，CIE）于 1976 年官方定义了理论上包括了人眼可见的所有色彩的标准色度系统 CIE $L^*a^*b^*$[6]。该系统将所有的颜色用 L^*、a^*、b^* 组成的三维坐标来表示。L^* 为垂直轴代表明度指数，其值从 0（黑）～100（白）。a^*、b^* 是水平轴，a^* 值代表红绿轴色品指数，负值表示绿色，正值表示红色，a^* 值越大颜色越红；b^* 值代表黄蓝轴色品指数，负值表示蓝色，正值表示黄色，b^* 值越大颜色越黄。在温度为 20℃±2℃、相对湿度为 65%±5% 的环境下，用 WSC-S 表面色差计对试件进行测量，结果采用 CIE1976 $L^*a^*b^*$ 表色系统指标。取样点为直径 20mm 的圆形，对每种木材弦切面和径切面试件各进行至少 30 次不同位置点的测试，取所有测量点的平均值作为该树种弦切面和径切面的材色值。每次颜色测试前均对设备进行色度校准。

3.2.6 白度

白度表征物体色的白的程度，白度值越大，则白的程度越大[7]。白度试验试件与材色试件相同，通过 YQ-Z-48B 表面白度计测量，结果显示为 R457 白度（%）。开机后仪器倒计时 100s 进行预热，校准后进行 R457 白度值的测量，每次白度测试前均进行设备的校准。对每种木材弦切面和径切面试件各进行 30 次不同位置的测试求其平均值，作为该树种的弦切面白度值和径切面的白度值。

3.2.7 光泽度

光泽度是在一组几何规定条件下对材料表面反射光的能力进行评价的物理量[8]。因此，它表述的是材料表面具有方向选择的反射性质。使用 KGZ-1A 表面光泽度计测定木材表面光泽度。测量的光学几何角度为 45°。光源入射方向平行于木材纹理方向的光泽度值记为 GZL，垂直于木材纹理方向的光泽度值记为 GZT，每种木材的弦切面和径切面各取 30 个点测量，求其平均值为光泽度。

3.2.8 表面润湿性

将调控好含水率的试材加工成规格为 50mm×10mm×15mm（长×宽×厚）的试件，使用视觉光学接触角测定仪 OCA 测量木材表面接触角[9]。采用静态液滴法进行木材表面接触角测量，测试液体为蒸馏水（a 液）和 3 个不同浓度的丙烯酸树脂水性漆，依据浓度分别记为 b 液、c 液、d 液（表 3-1）。测试时直接进样，将 1 微滴（4μL）测试液滴在试样表面，液滴滴到试件表面后，接触角随测量时间延长而逐渐减小，本试验在 10～15s 液滴趋于稳定后拍照，然后在照片上用切线法测量角度，作为木材的表面接触角。每种木材的弦切面和径切面各重复测试 30 次，润湿性指标取所有测试结果的平均值。

表 3-1　表面润湿性测试溶液

测试液	溶液类型	型号	配比
a 液	蒸馏水	自制蒸馏水	纯蒸馏水
b 液	水性漆	MWD311	水性漆：水 = 100：0
c 液	水性漆	MWD311	水性漆：水 = 100：10
d 液	水性漆	MWD311	水性漆：水 = 100：20

3.3　典型非洲木材物理性能结果与分析

3.3.1　密度

木材密度是直接反映木材性质的一项重要指标[9]，其大小对木材其他物理力学性质以及木材加工质量有直接影响[10-11]。9 种木材密度测量结果见表 3-2。由表 3-2 可知，密度测量差异系数在 20% 以内波动，木材作为非均质的生物质材料，测量值出现少量波动属于正常现象。根据木材材性 5 级分级标准[12]，密度最大的翼红铁木为 V 级（甚重，气干密度 $\geq 0.95\text{g/cm}^3$），气干密度 1.03g/cm^3；其次是象牙海岸格木、圆盘豆为 IV 级（重，$0.75\sim0.95\text{g/cm}^3$），气干密度分别为 0.92g/cm^3、0.78g/cm^3；腺瘤豆、非洲紫檀、两蕊苏木、鞋木为 III 级（中，$0.55\sim0.75\text{g/cm}^3$），气干密度分别为 0.73g/cm^3、0.72g/cm^3、0.69g/cm^3、0.67g/cm^3；密度较小的单瓣豆、奥古曼为 II 级（轻，$0.35\sim0.55\text{g/cm}^3$），气干密度分别为 0.51g/cm^3、0.44g/cm^3，没有 I 级（甚轻）密度试样。木材绝干质量与饱和水分时体积的比值为基本密度，由表 3-2 可知，基本密度最大的木材是翼红铁木（0.84g/cm^3），其次是象牙海岸格木（0.78g/cm^3），最小的是奥古曼（0.36g/cm^3）。木材全干密度为木材全干质量与全干时体积的比值，由表 3-2 可知，全干密度最大的木材仍是翼红铁木（1.00g/cm^3），其次是象牙海岸格木（0.90g/cm^3），最小的是奥古曼（0.40g/cm^3）。

表 3-2　9 种非洲木材密度测量结果

树种	气干密度/(g/cm^3)	基本密度/(g/cm^3)	全干密度/(g/cm^3)
奥古曼	0.44(15.96)	0.36(14.33)	0.40(17.13)
鞋木	0.67(3.95)	0.55(3.10)	0.63(3.95)
圆盘豆	0.78(17.37)	0.65(16.65)	0.74(18.77)
两蕊苏木	0.69(4.85)	0.59(4.79)	0.64(4.80)
象牙海岸格木	0.92(3.39)	0.78(2.59)	0.90(2.89)
翼红铁木	1.03(2.78)	0.84(1.80)	1.00(2.88)
单瓣豆	0.51(12.02)	0.42(11.72)	0.47(12.95)
腺瘤豆	0.73(7.65)	0.60(7.85)	0.70(8.66)
非洲紫檀	0.72(2.24)	0.62(2.31)	0.66(2.17)

注：括号内为变异系数。

综合 9 种木材密度试验结果，翼红铁木、象牙海岸格木、圆盘豆 3 种木材密度较大，结合第 2 章木材宏微观特征和纤维形态试验结果来看，此 3 种木材纤维腔小壁厚，尤其是翼红铁木，壁腔比达到 5.3，木材导管和射线细胞内树胶和内含物含量丰富，木材材质致密，所以密度较大。而密度较小的奥古曼、单瓣豆、鞋木，纤维空腔较大，组织比量中导管比量较高，且导管内不含或仅有少量树胶，木材材质较疏松。奥古曼木材虽纤维比量较高，但是密度较低，原因在于奥古曼纤维空腔直径较大，细胞壁薄，纤维壁作为组成木材的主要结构物质，是木材密度和强度的主要物质基础，所以其木材密度小。

3.3.2 干缩性

木材受温度和湿度等自然条件的影响，会发生干缩变形，导致木制品的尺寸发生变化，同时，由于木材具有各向异性，不同方向上存在差异干缩的现象[13-14]。研究木材的干缩规律，对木材的加工利用有着重要的意义，同时可以为木材干燥提供科学指导[15-16]。9 种木材干缩性测量结果见表 3-3、表 3-4。

表 3-3　9 种非洲木材气干干缩性测量结果

树种	弦向干缩率/%	径向干缩率/%	体积干缩率/%	差异干缩
奥古曼	5.28(17.89)	2.78(13.11)	8.62(18.31)	2.01(20.27)
鞋木	3.79(16.72)	1.79(12.19)	6.19(14.82)	2.16(16.36)
圆盘豆	3.80(12.65)	2.37(17.63)	6.52(12.67)	1.62(10.92)
两蕊苏木	2.88(5.58)	1.93(9.96)	5.14(5.65)	1.51(10.00)
象牙海岸格木	2.34(29.81)	1.69(26.33)	3.83(26.03)	1.38(18.98)
翼红铁木	4.07(12.05)	2.95(15.12)	7.20(15.97)	1.39(18.63)
单瓣豆	4.69(15.13)	2.57(24.00)	7.50(12.99)	1.90(19.39)
腺瘤豆	4.74(17.01)	1.73(16.93)	6.69(14.87)	2.78(17.34)
非洲紫檀	2.67(9.15)	1.75(12.98)	4.63(7.78)	1.55(16.67)

注：括号内为变异系数。

表 3-4　9 种非洲木材全干干缩性测量结果

树种	弦向干缩率/%	径向干缩率/%	体积干缩率/%	差异干缩
奥古曼	6.24(18.55)	3.53(26.71)	9.74(23.93)	1.82(15.99)
鞋木	7.86(6.85)	4.98(12.64)	12.89(9.34)	1.60(10.65)
圆盘豆	7.30(13.28)	4.61(23.65)	11.61(18.15)	1.63(12.38)
两蕊苏木	4.86(5.50)	2.98(7.72)	7.70(4.25)	1.64(9.61)
象牙海岸格木	7.77(11.64)	5.27(11.84)	12.80(10.83)	1.48(6.67)
翼红铁木	9.28(12.23)	7.10(5.28)	16.00(6.81)	1.31(11.16)
单瓣豆	7.21(13.30)	4.61(21.76)	11.31(13.76)	1.62(18.19)
腺瘤豆	9.63(11.39)	4.18(10.92)	13.68(9.01)	2.32(14.25)
非洲紫檀	3.54(7.87)	2.37(10.80)	6.13(6.84)	1.51(13.42)

注：括号内为变异系数。

由于纵向干缩的收缩率非常小，对被加工木材利用的影响不大，所以通常忽略不计[17]，而径向干缩与弦向干缩是研究木材干缩性须关注的重点。由表3-3、表3-4可知，干缩性变异系数多在20%以内。本书研究的9种木材中，气干干缩性和全干干缩性均表现为弦向大于径向，弦向气干干缩率最大的树种是奥古曼（5.28%），其次为腺瘤豆（4.74%），最小的是象牙海岸格木（2.34%）；径向气干干缩率最大的是翼红铁木（2.95%），其次是奥古曼（2.78%），最小的是象牙海岸格木（1.69%）。奥古曼的体积气干干缩率（8.62%）最大，其次是单瓣豆（7.50%），最小的是象牙海岸格木（3.83%）。综合来看，非洲紫檀、象牙海岸格木气干干缩率小，木材从湿材到气干尺寸变化幅度小；单瓣豆、奥古曼气干干缩率大，湿材到气干过程中木材干缩幅度较大。

弦向全干干缩率最大的树种是腺瘤豆（9.63%），其次为翼红铁木（9.28%），最小的是非洲紫檀（3.54%）；径向全干干缩率最大的是翼红铁木（7.10%），其次是象牙海岸格木（5.27%），最小的是非洲紫檀（2.37%）。体积全干干缩率最大的是翼红铁木（16.00%），其次是腺瘤豆（13.68%），最小的是非洲紫檀（6.13%）。综合看来，木材干燥至绝干状态时，非洲紫檀、两蕊苏木干缩率小，木材尺寸变化小；翼红铁木、腺瘤豆干缩率大，干燥过程中尺寸干缩明显。

同种木材弦向与径向干缩率的比值即差异干缩，差异干缩越大，木材越容易发生开裂变形[18]。通过表3-3、表3-4可知，9种木材中，气干差异干缩最大的是腺瘤豆（2.78），气干差异干缩较小的两种木材是象牙海岸格木（1.38）和翼红铁木（1.39）；全干差异干缩最大的是腺瘤豆（2.32），较小的两种木材是翼红铁木（1.31）和象牙海岸格木（1.48）。总体来看，腺瘤豆和奥古曼木材差异干缩大，木材干燥时容易发生翘曲和开裂，干燥过程中需选择合适的干燥方式，控制好干燥温度和干燥速度；象牙海岸格木和翼红铁木木材差异干缩小，木材各方向干缩较均匀，尺寸稳定性较好。

3.3.3　木材花纹

9种非洲木材花纹表征结果见表3-5，在进行花纹数值化表征测量过程中，通常可以发现：木材花纹的粗细、间距在弦切面要比径切面要粗一些、纹理间距也要大一些，木材花纹密度在径切面要比弦切面要更大，木材纹理明度值在弦切面和径切面的差别不大。按照纹理粗细来说，将9种非洲木材分为3大类，鞋木、翼红铁木纹理较粗，腺瘤豆、奥古曼、象牙海岸格木纹理较为中等，圆盘豆、两蕊苏木、非洲紫檀、单瓣豆的木材纹理较细。对于纹理间距来说，鞋木的纹理间距较大，非洲紫檀、奥古曼、腺瘤豆、两蕊苏木的纹理间距较为适中，圆盘豆、单瓣豆、翼红铁木、象牙海岸格木的纹理间距较小。对于木材纹理密度来说，翼红铁木、象牙海岸格木、圆盘豆的纹理密度较高，纹理较为密集，单瓣豆、两蕊苏木、腺瘤豆、奥古曼纹理密度为中等，鞋木、非洲紫檀纹理较为稀疏。对于早材明度来说，两蕊苏木、奥古曼的早材明度较高，单瓣豆、腺瘤豆、象牙海岸格木、圆盘豆的早材明度中等，鞋木、翼红铁木、非洲紫檀的早材明度较低。对于晚材明度来说，两蕊苏木、奥古曼、单瓣豆的晚材明度较高，腺瘤豆、象牙海岸格木、圆盘豆、鞋木的晚材明度中等，翼红铁木、非洲紫檀的晚材明度较低。对于纹理强度来说，两蕊苏木的木材纹理强度较高，对比度较强、较为清晰；奥古曼、腺瘤豆、圆盘豆、非洲紫檀的纹理强度较为中等；象牙海岸格木、单瓣豆、翼红铁木、鞋木的纹理强度较低，纹理不明显。

表3-5　9种非洲木材花纹表征

树种	纹理粗细/mm	纹理间距/mm	纹理密度/mm	早材明度	晚材明度	纹理强度
奥古曼	1.48	7.98	0.20	61.77	69.82	0.88
鞋木	3.17	20.21	0.15	45.36	54.91	0.82
圆盘豆	1.07	3.70	0.48	50.75	58.97	0.86
两蕊苏木	1.03	5.12	0.28	66.38	71.94	0.93
象牙海岸格木	1.35	3.28	0.65	51.13	61.37	0.84
翼红铁木	2.39	3.58	0.73	42.81	51.49	0.83
单瓣豆	0.75	3.65	0.31	55.97	66.75	0.84
腺瘤豆	1.51	6.25	0.26	55.83	64.18	0.87
非洲紫檀	0.93	8.75	0.13	40.56	47.46	0.86

3.3.4　材色

木材材色是识别木材的主要特征之一，同时也是评价木材质量的重要指标，在木材加工利用、木材改性中应用广泛[19-20]。木材材色是影响消费者对木制品印象的最直观要素，在一定程度上决定了木材的商业价值[21-22]。构成木材细胞壁的主要成分之间无明显的颜色差异，但由于各种色素、丹宁、树脂等物质沉积于木材细胞腔，并渗透到木材细胞壁，使木材呈现不同的颜色[23]。试验结果见表3-6。

表3-6　9种非洲木材材色测量结果

树种	弦切面					径切面				
	L^*	a^*	b^*	C^*	Ag^*	L^*	a^*	b^*	C^*	Ag^*
奥古曼	71.41±2.29	9.65±0.77	18.10±0.71	20.51±0.89	61.93±1.53	60.50±0.71	8.89±0.34	20.58±0.89	22.41±0.79	66.64±1.33
鞋木	50.48±1.71	23.44±1.18	24.99±0.97	34.26±1.10	46.84±1.76	50.43±7.84	22.57±0.84	27.27±0.86	35.40±0.94	50.39±1.23
圆盘豆	47.25±2.82	8.00±2.06	28.78±4.66	29.88±4.91	74.47±2.67	55.12±4.44	10.31±2.06	39.15±2.35	40.48±2.47	75.24±2.73
两蕊苏木	67.24±0.79	5.20±0.78	33.82±1.14	34.21±1.14	81.26±1.31	67.11±1.00	4.67±0.44	32.95±1.68	33.28±1.68	81.93±0.78
象牙海岸格木	54.93±0.89	4.51±0.82	26.04±0.65	26.43±0.69	80.18±1.71	55.86±2.07	4.38±1.10	24.81±1.38	25.19±1.48	79.99±2.15

（续）

树种	弦切面					径切面				
	L^*	a^*	b^*	C^*	Ag^*	L^*	a^*	b^*	C^*	Ag^*
翼红铁木	41.53± 3.33	10.77± 1.24	17.82± 1.05	20.82± 1.10	58.85± 3.25	40.19± 2.32	9.91± 0.74	17.73± 1.01	20.31± 0.92	60.80± 2.39
单瓣豆	62.36± 1.68	9.23± 0.55	20.30± 0.81	22.30± 0.83	65.55± 1.31	61.00± 1.36	6.84± 0.98	22.40± 1.26	23.42± 1.42	73.01± 1.78
腺瘤豆	59.16± 2.51	10.44± 1.10	23.36± 2.12	25.59± 2.08	65.92± 2.67	58.09± 1.48	9.57± 0.42	26.19± 0.91	27.88± 0.89	69.92± 0.95
非洲紫檀	48.28± 2.28	38.14± 2.03	34.70± 1.89	51.56± 2.53	42.30± 1.26	45.86± 2.29	36.52± 1.65	33.88± 2.34	49.82± 2.75	42.85± 0.92

9种非洲木材的弦切面和径切面材色参数 L^*、a^*、b^* 值在 CIE 1976 $L^*a^*b^*$ 色空间的平面投影图如图 3-2、图 3-3 所示。从测量结果看，同一树种弦切面和径切面表面材色无明显差异，在 CIE1976 $L^*a^*b^*$ 色空间中，9 种木材 L^*、a^*、b^* 值呈整体聚集、个别分散分布的特征。从图 3-2 弦切面测量结果看，9 种木材弦切面明度 L^* 为 41.53～71.41，奥古曼明度值最高，翼红铁木明度值最低。奥古曼木材颜色偏白色，对可见光的反射程度较强，故明度较高。翼红铁木木材内褐色或深色树胶和沉积物丰富，木材颜色偏深棕色或暗棕色，对可见光吸收得较多，反射得较少，因此明度较低。从红绿色品指数 a^* 值测量结

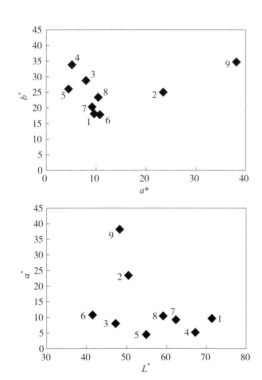

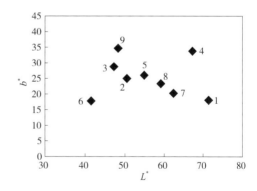

1—奥古曼；2—鞋木；3—圆盘豆；4—两蕊苏木；
5—象牙海岸格木；6—翼红铁木；7—单瓣豆；
8—腺瘤豆；9—非洲紫檀

图3-2 9种非洲木材材色参数在CIE1976
$L^*a^*b^*$色空间分布（弦切面）

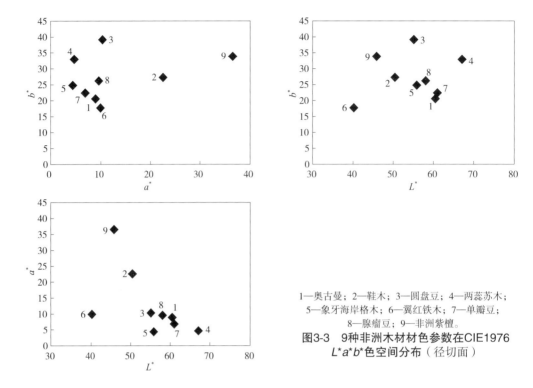

1—奥古曼；2—鞋木；3—圆盘豆；4—两蕊苏木；
5—象牙海岸格木；6—翼红铁木；7—单瓣豆；
8—腺瘤豆；9—非洲紫檀；

图3-3　9种非洲木材材色参数在CIE1976
$L^*a^*b^*$色空间分布（径切面）

果看，非洲紫檀和鞋木两种木材 a^* 值较高，木材偏红色，木材表面反射的光谱中红色光谱占了绝大多数比例，其余木材红绿色品指数 a^* 值为4.38～10.71，黄蓝色品指数 b^* 值为17.82～34.70，两蕊苏木 b^* 值较高，木材颜色偏黄褐色或黄色，奥古曼、翼红铁木 b^* 值较低，黄色不明显。从表3-6可知，9种木材弦切面中，非洲紫檀木材的色饱和度 C^* 值最高，为51.56，其余8种木材的 C^* 值为20.51～34.26，色饱和度最小的是奥古曼，为20.51±0.89。色调角 Ag^* 值为42.30～81.26，最大的是两蕊苏木，最小的是非洲紫檀。9种木材径切面明度 L^* 值为40.19～67.11，红绿色品指数 a^* 值为4.38～36.52，黄蓝色品指数 b^* 值为17.73～39.15，色饱和度 C^* 值为20.31～49.82，色调角 Ag^* 值为42.85～81.93。

3.3.5　白度

9种非洲木材白度测量结果见表3-7。由表3-7可以看出，奥古曼木材弦切面白度明显大于径切面，其余8种木材弦切面与径切面差异不明显。木材弦切面白度值为6.87～31.05，奥古曼、两蕊苏木、单瓣豆白度值较大，非洲紫檀、翼红铁木、圆盘豆的白度值较小；径切面白度值为6.45～22.18，最大的是两蕊苏木，奥古曼仅次之，最小的是非洲紫檀。结合材色试验结果可以发现，白度值大的木材，其明度值普遍较高，红绿指数低，木材颜色较浅，偏黄白色，而白度值较小的非洲紫檀、翼红铁木、圆盘豆，其木材普遍明度值较低，红绿指数较高，色饱和度高，木材呈现较深的颜色。

表 3-7 9 种非洲木材白度测量结果

树种	弦切面	径切面
象牙海岸格木	13.03(3.06)	14.14(5.87)
单瓣豆	20.63(7.45)	18.57(8.88)
两蕊苏木	21.90(3.36)	22.18(3.77)
鞋木	12.08(6.50)	12.88(4.86)
腺瘤豆	18.19(4.81)	16.76(4.27)
圆盘豆	9.25(5.66)	11.17(11.09)
奥古曼	31.05(5.22)	18.74(6.04)
非洲紫檀	6.87(6.84)	6.45(6.71)
翼红铁木	10.62(12.84)	9.74(7.00)

注：括号内为变异系数。

3.3.6 光泽度

9 种木材光泽度测量结果见表 3-8。GZL 表示平行于木材纹理方向的光泽度值，GZT 表示垂直于木材纹理方向的光泽度值。由表 3-8 可知，9 种木材弦切面平行于木材纹理方向的光泽度为 2.38~6.68，大小关系为：奥古曼>单瓣豆>鞋木>两蕊苏木>非洲紫檀>腺瘤豆>象牙海岸格木>圆盘豆>翼红铁木，最大的是奥古曼(6.68)，最小的是翼红铁木(2.38)；弦切面垂直于纹理方向的表面光泽度为 2.03~5.56，大小关系为：奥古曼>单瓣豆>两蕊苏木>鞋木>腺瘤豆>非洲紫檀>象牙海岸格木>圆盘豆>翼红铁木，最大的是奥古曼(5.56)，最小的是翼红铁木(2.03)；9 种木材径切面平行于木材纹理方向的光泽度为 2.43~5.27，大小关系为：两蕊苏木>奥古曼>腺瘤豆>单瓣豆>鞋木>圆盘豆>非洲紫檀>象牙海岸格木>翼红铁木，最大的是两蕊苏木(5.27)，最小的是翼红铁木(2.43)；径切面垂直于纹理方向的表面光泽度为 2.18~4.58，大小关系为：腺瘤豆>奥古曼>单瓣豆>两蕊苏木>圆盘豆>鞋木>非洲紫檀>象牙海岸格木>翼红铁木，最大的是腺瘤豆(4.58)，最小的是翼红铁木(2.18)。

表 3-8 9 种非洲木材光泽度测量结果

树种	弦切面		径切面	
	GZL	GZT	GZL	GZT
象牙海岸格木	3.69(7.95)	3.09(7.59)	3.62(8.35)	3.15(5.88)
单瓣豆	5.48(7.52)	4.68(7.68)	5.02(7.65)	4.37(8.66)
两蕊苏木	4.52(13.86)	3.93(10.24)	5.27(9.81)	4.23(8.77)
鞋木	4.83(11.77)	3.89(10.16)	4.73(9.52)	3.84(9.33)

（续）

树种	弦切面		径切面	
	GZL	*GZT*	*GZL*	*GZT*
腺瘤豆	4.17(10.48)	3.82(13.79)	5.08(8.00)	4.58(7.25)
圆盘豆	3.43(7.42)	2.85(9.42)	4.70(10.60)	4.06(12.03)
奥古曼	6.68(12.03)	5.56(11.34)	5.16(14.96)	4.51(6.11)
非洲紫檀	4.28(10.30)	3.62(7.13)	4.33(11.64)	3.63(8.72)
翼红铁木	2.38(14.99)	2.03(15.31)	2.43(8.18)	2.18(9.60)

注：括号内为变异系数。

分析可得，9 种木材光泽度大小关系与木材白度测量结果基本一致，奥古曼、单瓣豆、两蕊苏木白度值高，光泽度也较高，白度值较低的非洲紫檀、翼红铁木、圆盘豆 3 种木材光泽度同样较低，木材颜色偏暗。同一树种的木材，平行于纹理方向的表面光泽度大于垂直于纹理方向的表面光泽度。这是由于木材的表面光泽度与木材表面的反射特性具有紧密的联系，当光线平行于纹理方向射向木材表面时，一部分光线细胞壁表面直接折射，一部分光线顺着细胞长轴方向从细胞内折射，反射光的散射程度比较小，反射光能量较大，因此光泽度较大。相反，当光线垂直于纹理方向入射时，由于细胞腔的直径远远小于细胞壁的长度，入射光线会受到细胞内壁的阻挡，反射光能量减弱，光泽度也就比较低。

3.3.7 表面润湿性

木材表面接触角反映了不同树种木材的表面润湿性差异。木材的表面润湿性是反映液体与木材接触时，在木材表面上润湿、扩散及黏附的难易程度和效果，对木材界面胶接、表面涂饰和各种改性处理工艺极为重要[23]。试验分别以蒸馏水和 3 种浓度的水性漆作为测试液测量 9 种木材表面接触角，测量结果见表 3-9。

由表 3-9 接触角测量结果可以看出，以蒸馏水作为测试液试验时，除翼红铁木和两蕊苏木外，其余 7 种木材接触角均为弦切面大于径切面，弦切面接触角为 25.8° ~ 102.3°，接触角最大的是非洲紫檀(102.3°)，最小的是两蕊苏木(25.8°)，径切面接触角为 33.0° ~ 92.9°，非洲紫檀与水的接触角最大，疏水性好，因为从微观角度看，此种木材材质均致密，且有内含物，横切面表面孔隙没有其他几种木材大，水在表面难以渗透进木材内部，所以表现出很好的疏水性。木材径切面的润湿性优于弦切面，分析原因是木材径切面上的孔隙数量大于弦切面，孔隙率愈高，其真实表面积愈大，表面润湿性能越好。从 3 种浓度的水性漆测试结果来看，同种木材，100% 浓度水性漆试验时，木材表面接触角最大，随着水性漆浓度降低，木材表面接触角减小，木材润湿性更好。木材表面进行水性漆涂饰时，底漆浓度对于涂料分子渗透形成胶钉漆膜非常重要。因此，选择合适的漆水比可以获得最佳的涂饰效果。

表 3-9　9 种非洲木材接触角测量结果

树种	a 液		b 液		c 液		d 液	
	弦切面	径切面	弦切面	径切面	弦切面	径切面	弦切面	径切面
奥古曼	39.5 (8.05)	37.6 (8.60)	56.2 (2.80)	60.4 (3.94)	46.8 (3.32)	59.8 (3.24)	37.8 (7.12)	39.7 (7.07)
鞋木	59.6 (9.02)	48.8 (6.80)	69.0 (3.03)	67.1 (2.90)	64.2 (1.91)	62.6 (2.82)	46.8 (4.58)	41.3 (3.59)
圆盘豆	67.8 (1.82)	56.5 (6.82)	57.3 (3.46)	53.9 (2.74)	50.0 (4.63)	47.6 (2.69)	42.2 (4.74)	37.8 (4.68)
两蕊苏木	25.8 (10.52)	45.2 (5.54)	59.2 (3.44)	60.0 (2.47)	40.6 (7.21)	48.3 (4.49)	38.1 (7.82)	41.9 (4.77)
象牙海岸格木	85.7 (3.04)	82.7 (3.70)	56.6 (4.05)	52.6 (5.54)	51.3 (3.82)	48.2 (3.73)	45.1 (4.64)	41.9 (2.95)
翼红铁木	48.1 (3.39)	49.2 (5.99)	64.7 (2.13)	63.7 (3.59)	56.6 (2.73)	52.1 (3.15)	52.8 (5.03)	47.6 (3.40)
单瓣豆	99.4 (2.42)	38.2 (11.39)	60.9 (3.93)	53.5 (5.80)	62.4 (3.26)	50.4 (3.27)	45.2 (5.19)	44.6 (4.65)
腺瘤豆	39.4 (7.91)	33.0 (4.87)	59.3 (3.01)	59.5 (2.88)	51.4 (2.65)	54.9 (1.94)	42.7 (3.98)	39.2 (4.60)
非洲紫檀	102.3 (4.09)	92.9 (3.99)	47.2 (2.14)	49.6 (4.84)	39.2 (5.75)	44.8 (4.48)	35.1 (5.71)	33.9 (6.50)

注：表中 a 液为蒸馏水，b 液为 100%浓度水性漆，c 液为水性漆：水 = 100：10，d 液为水性漆：水 = 100：20；括号内为变异系数。

3.3.8　9 种非洲木材表面特性聚类分析

选取 9 种典型非洲木材材色、白度、光泽度 3 种表面指标的试验结果进行聚类分析，通过 Origin 软件对 9 种木材进行聚类分析，得到 9 种木材表面性能的聚类谱系（图 3-4）。根据 9 种木材表面各物理量聚类分析树形图，可以将 9 种木材分成 4 类：象牙海岸格木、圆盘豆、两蕊苏木归为一类；单瓣豆、腺瘤豆、奥古曼归为一类；翼红铁木归为一类；鞋木、非洲紫檀归为一类。

为了更直观的观察木材表面特征，将木材数码图像按聚类结果分类，如图 3-5 所示：第一类木材中，红绿指数 a^*、黄蓝指数 b^*、色饱和度 C^*、表面光泽度最为接近，色饱和度和黄蓝指数较高，红绿指数低，色调角最大，木材偏向黄褐色和黄色；第二类木材中，红绿指数 a^*、黄蓝指数 b^* 都处于中等水平，光泽度高，饱和度中等，如单瓣

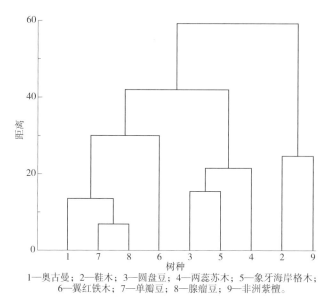

1—奥古曼；2—鞋木；3—圆盘豆；4—两蕊苏木；5—象牙海岸格木；
6—翼红铁木；7—单瓣豆；8—腺瘤豆；9—非洲紫檀。

图 3-4　9 种非洲木材表面性能聚类分析图

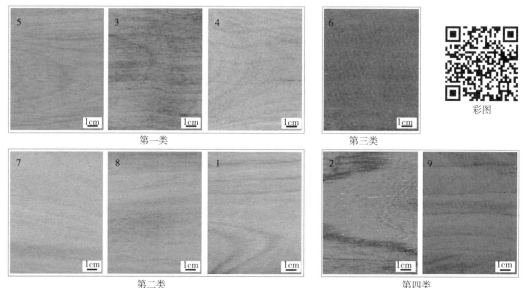

1—奥古曼；2—鞋木；3—圆盘豆；4—两蕊苏木；5—象牙海岸格木；6—翼红铁木；7—单瓣豆；8—腺瘤豆；9—非洲紫檀。

图 3-5　9 种非洲木材表面图像分类

豆、腺瘤豆、奥古曼颜色较浅，木材偏黄白色或浅黄色；第三类为翼红铁木单独一类，明度、光泽度和色饱和度在 9 种木材中最低，木材颜色较暗，对可见光的吸收能力较强，木材偏黑红色；第四类为鞋木和非洲紫檀，这 2 种木材红绿指数远大于其他树种，色调角最小，色饱和度最大，木材偏亮红色或红褐色。对比可知，通过木材颜色物理量分析的木材颜色与实际木材颜色相吻合，聚类结果分析可以作为树种木材分类依据。

3.4　本章小结

9 种非洲木材密度根据木材材性 5 级分级标准划分，翼红铁木为 V 级(甚重)，象牙海岸格木、圆盘豆为 IV 级(重)，腺瘤豆、非洲紫檀、两蕊苏木、鞋木为 III 级(中)，单瓣豆、奥古曼为 II 级(轻)。其中，密度最大的是翼红铁木，其气干密度、基本密度、全干密度分别为 1.03g/cm^3、0.84g/cm^3、1.00g/cm^3，密度最小的奥古曼，其气干密度、基本密度、全干密度分别为 0.44g/cm^3、0.36g/cm^3、0.40g/cm^3。

9 种非洲木材的气干干缩性和全干干缩性均表现为弦向大于径向，在相同条件下，木材在弦向干缩形变更明显。木材烘干至绝干状态时，非洲紫檀、两蕊苏木干缩率小，木材尺寸变化小；翼红铁木、腺瘤豆干缩率大，烘干过程中尺寸干缩明显。气干差异干缩最大和最小分别是腺瘤豆和象牙海岸格木，差异干缩值分别为 2.78、1.38，全干差异干缩最大和最小分别是腺瘤豆和翼红铁木，差异干缩值分别为 2.32、1.31。腺瘤豆木材尺寸稳定性较差，翼红铁木和象牙海岸格木尺寸稳定性较好。

在 CIE(1976)$L^* a^* b^*$ 色空间中，9 种非洲木材色空间指数的分布范围为：L^* 为 $40.19 \sim 71.41$，a^* 为 $4.38 \sim 38.14$，b^* 为 $17.73 \sim 39.15$，C^* 为 $20.31 \sim 51.56$，Ag^* 为 $42.30 \sim 81.93$。同一树种弦切面和径切面表面材色无明显差异，在色度图中分布相对集中，个别树种如非洲紫檀、鞋木材色分布较分散。

9 种非洲木材中，白度值较大的木材如奥古曼、两蕊苏木、单瓣豆，其明度值普遍较高，红绿指数低，木材颜色较浅，偏黄白色；而白度值较小的非洲紫檀、翼红铁木、圆盘豆，其木材明度值也普遍较低，红绿指数较高，色饱和度高，木材呈现较深的颜色。9 种木材光泽度大小关系与木材白度大小关系一致，奥古曼、单瓣豆、两蕊苏木白度值高，光泽度也较高，白度值较低的非洲紫檀、翼红铁木、圆盘豆 3 种木材光泽度同样较低，木材颜色偏暗，木材表面光泽度与白度关系密切。同一树种的木材，顺纹理方向的表面光泽度大于垂直于纹理方向的表面光泽度。

木材表面润湿性研究结果表明，非洲紫檀、象牙海岸格木因其致密性和丰富内含物而致选取液体测试的接触角较大、渗透性差，因此，这类木材表面进行水性漆涂饰时，为了水性底漆能在木材表面形成涂料分子渗透形成胶钉漆膜，选择合适的漆水比非常重要。

根据 9 种非洲木材材色、白度、光泽度 3 种表面指标数据聚类分析结果，象牙海岸格木、圆盘豆、两蕊苏木归为一类；单瓣豆、腺瘤豆、奥古曼归为一类；翼红铁木归为一类；鞋木、非洲紫檀归为一类。

参考文献

[1]彭相国. 现代大跨度木建筑的结构与表现[D]. 哈尔滨：哈尔滨工业大学，2007.

［2］解林坤．粗皮桉木材材性及其变异特性［D］．长沙：中南林学院，2005.

［3］孙恒，冀晓东，赵红华，等．人工林刺槐木材物理力学性质研究［J］．北京林业大学学报，2018，40（7）：104–112.

［4］闫丽．人工林樟子松木材物理和解剖特征对气候因子变化响应的研究［D］．哈尔滨：东北林业大学，2006.

［5］何拓．20种红木视觉特性与显微构造及其美学应用研究［D］．南宁：广西大学，2015.

［6］Mortimer R J，Sialvi M Z，Varley T S，et al. An in situ colorimetric measurement study of electrochromism in the thin–film nickel hydroxide/oxyhydroxide system［J］. Journal of Solid State Electrochemistry，2014，18（12）：3359–3367.

［7］邱乾栋．泡桐材色评价指标的筛选和材色优良单株选择［D］．北京：中国林业科学研究院，2013.

［8］Rodrigues–Junior S，Chemin P，Piaia P，et al. Surface Roughness and Gloss of Actual Composites as Polished With Different Polishing Systems［J］. Operative Dentistry，2015，40(4)：418.

［9］赵承开，高建亮，朱林峰，等．无性系杉木木材物理性质研究［J］．中南林学院学报，2006，26(6)：165–168.

［10］徐朝阳．杂种鹅掌楸材性研究［D］．南京：南京林业大学，2004.

［11］梁宏温，黄恒川，黄承标，等．不同树龄秃杉与杉木人工林木材物理力学性质的比较［J］．浙江林学院学报，2008，25(2)：137–142.

［12］Pernia N D，Miller R B. Adapting the Iawa List of Microscopic Features for Hardwood Identification to Delta［J］. IAWA journal/International Association of Wood Anatomists，1991，12(1)：34–50.

［13］蒋佳荔，吕建雄．干燥处理杉木木材的干缩湿胀性质［J］．中南林业科技大学学报，2012，32(6)：152–157.

［14］郑拓宇．木材干缩影响因素及减少干燥开裂的方法［J］．林业机械与木工设备，2014，42(3)：30–32.

［15］马尔妮，赵广杰．木材的干缩湿胀—从平衡态到非平衡态［J］．北京林业大学学报，2006，5(5)：133–138.

［16］周永东，低分子量酚醛树脂强化毛白杨木材干燥特性及其机理研究［D］．北京：中国林业科学研究院，2009.

［17］任世奇，罗建中，谢耀坚，等．不同桉树无性系及树干高度木材的干缩特性研究［J］．西北林学院学报，2012，27(1)：232–237.

［18］王嘉楠．人工林杨树木材性质及其变异规律的研究［D］．合肥：安徽农业大学，2002.

［19］Costa S，Garcia S，Ibanez L. Do taste and quality perception influence consumer preferences for wood? An econometric model with latent variables［J］. Forest Science，2011，57(2)：89–101.

［20］Buchelt B，Wagenführ A. Evaluation of colour differences on wood surfaces. European Journal of Wood and Wood Products［J］. European Journal of Wood and Wood Products，2012，70(1/3)：389–391.

［21］Moya R，Calvo–Alvarado J. Variation of wood color parameters of Tectona grandis and its relationship with physical environmental factors［J］. Annals of Forest Science，2012，69(8)：947–959.

［22］Klumpers J，Janin G，Becker M，et al. The influences of age，extractive content，and soil water on wood color in oak：the possible genetic determination of wood color［J］. Annales Des Sciences Forestières，1993，50(1)：403s–409s.

[23]Reinprecht L，Mamoňová M，Pánek M，Ka čík F. The impact of natural and artificial weathering on the visual，colour and structural changes of seven tropical woods[J]．European Journal of Wood and Wood Products，2017，76(1)：175-190.

[24]彭晓瑞，张占宽．等离子体处理对 6 种木材表面润湿性能的影响[J]．林业科学，2018，54(1)：90-98.

典型非洲木材力学性能 4

4.1 引言

　　非洲树木种植在热带气候地区，由于雨水和阳光充沛使其木材形成迅速，通常而言长得快的树木木材抵抗外力能力会有所逊色，但是其力学性质对合理利用木材和工程设计都起到重要作用，需要科学地表征。木材的力学性质与其他性质相比，因其具有非匀质且各向异性的天然高分子材料特性[1-3]，使木材力学表征具有很大的困难，那么，在阐述木材力学性能时就不能简单以一个平均值而定，需要充分考虑衡量方法和指标。目前，在国内针对用材树种开展的力学性质研究，其测定和评价的指标主要包括顺纹抗拉强度、横纹抗拉强度、抗压强度、横纹抗压弹性模量、抗弯强度、抗弯弹性模量和硬度等[4-5]，这些木材力学性能对于木材的评价和应用具有重要意义。本章选择 9 种典型非洲木材为试验材料，按照木材物理力学测定相关的国家标准对其主要力学性质进行了测试、分析和评价，为木材在国内的使用环境和加工条件下合理利用提供数据支撑和理论依据，也对木材加工企业实施正确的加工工艺，提高生态效益以及加快产业化进程有指导意义。

4.2 试验材料与方法

4.2.1 试验材料

　　按照第 3 章的方法选择 9 种非洲木材锯材加工成板材，根据国家标准 GB/T 1929—2009《木材物理力学试材锯解及试样截取方法》、GB/T 1927～1941—2009 木材物理力学试验方法系列标准按规定要求分别加工出所需试件，所有长度为顺纹方向的试件加工时均应保证纹理通直。

4.2.2 试验方法

4.2.2.1 抗拉强度

木材抗拉强度分为顺纹抗拉强度和横纹抗拉强度，顺纹抗拉强度是指木材沿纤维方向承受拉伸载荷的最大能力，横纹抗拉强度则是垂直于纤维方向承受拉伸载荷的最大能力[6]。根据国家标准 GB/T 1938—2009《木材顺纹抗拉强度试验方法》、GB/T 14017—2009《木材横纹抗拉强度试验方法》，其中横纹分径向和弦向两个方向进行测试。

4.2.2.2 抗压强度

木材抗压强度分为顺纹抗压强度和横纹抗压强度，木材顺纹抗压强度是指木材在顺纹方向承受压力的程度，是木材作为受压材料时的重要指标[7]。根据国家标准 GB/T 1935—2009《木材顺纹抗压强度试验方法》、GB/T 1939—2009《木材横纹抗压试验方法》，横纹抗压分为全部抗压和局部抗压，上述两种横纹抗压又各自分弦向和径向两个方向进行测试。

4.2.2.3 横纹抗压弹性模量

横纹抗压弹性模量反映木材在弦向和径向方向受力外界压力的能力[8]。根据国家标准 GB/T 1943—2009《木材横纹抗压弹性模量试验方法》进行测试。

4.2.2.4 抗弯强度和抗弯弹性模量

木材抗弯强度也被称为静曲强度，衡量木材在横向上承受外界压力的能力。抗弯弹性模量是用来衡量木材在极限应力以内抵抗弯曲变形的能力[9-10]。分别根据国家标准 GB/T 1936.1—2009《木材抗弯强度试验方法》、GB/T 1936.2—2009《木材抗弯弹性模量试验方法》进行测试。

4.2.2.5 硬度

木材硬度表示木材抵抗其他钢体压入木材的能力，反映的是其加工难易程度和耐磨损能力。木材硬度与木材加工、利用有密切关系，如切削时木材对刀具的抵抗力，通常是木材硬度越高越难切削，硬度低的切削容易[11-12]。根据国家标准 GB/T 1941—2009《木材硬度试验方法》进行测试，测试均由试验室通过标定的万能力学试验机完成。

4.3 典型非洲木材力学性能结果与分析

4.3.1 奥古曼

奥古曼的主要力学性能测试结果见表4-1。奥古曼的顺纹抗压强度 42.00MPa，稍低于我国木材顺纹抗压强度平均值（45.00MPa），抗压强度属于低等级；顺纹抗拉强度平均值

77. 73MPa，是其顺纹抗压强度的 1. 85 倍。横纹抗拉强度弦向 3. 80MPa、径向 5. 91MPa，径向抗拉强度值是弦向的 1. 56 倍；径向和弦向横纹全部抗压强度分别是 8. 67MPa 和 5. 09MPa；径向和弦向横纹抗压弹性模量分别为 19. 50MPa 和 17. 45MPa；抗弯强度 76. 31MPa，根据我国对木材抗弯强度的分级标准[13]，奥古曼的抗弯强度为低等级（55. 10~90. 00MPa）；抗弯弹性模量 9986. 00MPa，根据我国对木材抗弯弹性模量的分级标准[13]，奥古曼的抗弯弹性模量等级为低，表明其受外力时容易弯曲变形；奥古曼的端面、弦面及径面硬度分别为 3336. 83N、2059. 87N、1916. 27N，三者的比例为 1. 00∶0. 62∶0. 58。顺纹抗压强度和抗弯强度的和可代表木材综合强度，奥古曼的综合强度为 118. 31MPa。根据木材材性分级规定[13]，其综合强度属于低等级（85. 10~135. 00MPa）。各项木材力学性能变异系数为 5. 10%~22. 65%，综合显示，奥古曼的力学性能整体评价为中等。

表 4-1　奥古曼的主要力学性能测量结果

试验项目		平均值	标准差	变异系数/%
顺纹抗拉强度/MPa		77. 73	21. 92	22. 65
横纹抗拉强度/MPa	弦向	3. 80	0. 61	16. 01
	径向	5. 91	0. 59	10. 31
顺纹抗压强度/MPa		42. 00	6. 27	14. 74
横纹全部抗压强度/MPa	弦向	5. 09	0. 71	14. 62
	径向	8. 67	1. 37	16. 50
横纹局部抗压强度/MPa	弦向	7. 60	1. 41	18. 48
	径向	10. 18	2. 27	21. 57
横纹抗压弹性模量/MPa	弦向	17. 45	3. 54	20. 00
	径向	19. 50	0. 97	5. 10
抗弯强度/MPa		76. 31	5. 66	7. 36
抗弯弹性模量/MPa		9986. 00	626. 39	6. 27
硬度/N	端面	3336. 83	191. 57	5. 74
	弦面	2059. 87	182. 72	8. 87
	径面	1916. 27	122. 56	6. 40

4.3.2　鞋木

由表 4-2 鞋木木材主要力学测量结果可知，鞋木顺纹抗拉强度 73. 46MPa；横纹抗拉强度弦向 2. 00MPa、径向 2. 51MPa，径向抗拉强度值是弦向的 1. 26 倍；顺纹抗压强度 50. 44MPa，我国木材顺纹抗压强度的平均值约为 45. 00MPa，鞋木的顺纹抗压强度高于我国木材的平均值，抗压强度属于高等级；径向和弦向横纹全部抗压强度分别是 5. 11MPa 和

7.44MPa；抗弯强度110.07MPa，根据我国木材抗弯强度的分级标准[13]，鞋木的抗弯强度为高等级（117.7~166.6MPa）；抗弯弹性模量14.15GPa，在木材物理力学分级指标[16]中属于Ⅲ级；径面、弦面和端面硬度分别2337.72N、2260.09N、4206.11N。鞋木各项木材力学性能变异系数为3.8%~45.7%。木材综合强度通常用木材顺纹抗压强度与抗弯强度之和来表示，用来评价木材作为承重构件性能的优劣。鞋木的顺纹抗压强度为50.44MPa，抗弯强度为110.07MPa，木材综合强度为160.51MPa，综合强度属于高等级[16]，木材力学性能整体评价为优异。

表4-2　鞋木的主要力学性能测量结果

试验项目		平均值	标准差	变异系数/%
顺纹抗拉强度/MPa		73.46	25.58	34.87
横纹抗拉强度/MPa	弦向	2.00	0.51	25.48
	径向	2.51	0.64	25.70
顺纹抗压强度/MPa		50.44	6.81	45.74
横纹全部抗压强度/MPa	弦向	7.44	1.04	14.05
	径向	5.11	1.09	20.56
横纹局部抗压强度/MPa	弦向	14.76	1.35	8.48
	径向	13.35	1.13	8.24
横纹抗压弹性模量/MPa	弦向	17.36	1.11	6.36
	径向	18.44	0.67	3.83
抗弯强度/MPa		110.07	18.43	16.70
抗弯弹性模量/MPa		14151.60	1225.57	8.67
硬度/N	端面	4206.11	263.11	6.26
	弦面	2260.09	268.65	12.42
	径面	2337.72	254.66	10.90

4.3.3　圆盘豆

圆盘豆的主要力学性能试验结果见表4-3。圆盘豆顺纹抗拉强度、弦向横纹抗拉强度、抗弯强度以及径向横纹局部抗压强度4项力学性能变异系数较高，为20.65%~31.78%，其他强度变异系数较小，为2.42%~14.09%。圆盘豆顺纹抗拉强度155.27MPa，是其横纹弦向抗拉强度的17.04倍，是横纹径向抗拉强度的8.23倍；顺纹抗压强度95.42MPa，按木材等级划分属于高等材[13]；径向和弦向横纹全部抗压强度分别是20.94MPa和17.35MPa，径向和弦向横纹局部抗压强度分别是31.37MPa和26.35MPa；横纹径向和弦向抗压弹性模量18.87MPa和19.16MPa；圆盘豆抗弯强度和抗弯弹性模量分别为

162.42MPa 和 16.12GPa，根据我国对木材力学的分级标准[13]，圆盘豆的抗弯强度为高等级(117.7~166.6MPa)、抗弯弹性模量为高等级。圆盘豆的硬度测试结果显示，其从大到小依次是端面硬度、径面硬度、弦面硬度，分别为 13507.16N、10996.08N、10966.03N。按照木材端面硬度分级标准[13]，属于超高等级。木材作为承重构件时，通常用顺纹抗压强度和抗弯强度之和来表示木材的综合强度。圆盘豆的综合强度为 257.84MPa，根据木材材性分级规定，其综合强度属于超高等级，木材力学性能整体评价为优异。

表 4-3　圆盘豆的主要力学性能测量结果

试验项目		平均值	标准差	变异系数/%
顺纹抗拉强度/MPa		155.27	37.50	23.82
横纹抗拉强度/MPa	弦向	9.11	2.93	31.78
	径向	18.86	1.64	8.40
顺纹抗压强度/MPa		95.42	11.46	12.07
横纹全部抗压强度/MPa	弦向	17.40	2.27	13.17
	径向	20.94	2.94	14.09
横纹局部抗压强度/MPa	弦向	26.35	2.80	10.61
	径向	31.37	6.54	20.65
横纹抗压弹性模量/MPa	弦向	19.16	0.46	2.42
	径向	18.87	0.71	3.51
抗弯强度/MPa		162.42	39.44	24.28
抗弯弹性模量/MPa		16124.70	2227.44	13.81
硬度/N	端面	13507.16	883.72	6.54
	弦面	10966.08	656.38	6.00
	径面	10996.03	647.89	5.89

4.3.4　两蕊苏木

表 4-4 是两蕊苏木木材力学性能测量结果，除个别指标外，各力学性能差异系数基本上都在 10% 左右，顺纹抗拉强度、抗弯强度以及弦向横纹抗拉强度变异系数超过 20%。两蕊苏木顺纹抗拉强度 151.28MPa，；顺纹抗压强度平均值可以达到 71.47MPa，是横纹全部径向抗压强度的 5.65 倍，按木材等级划分属于高等材[13]，远高于我国木材顺纹抗压强度平均值(45.00MPa)；横纹全部抗压强度的径向值和弦向值差值较小；横纹抗压径向和弦向弹性模量分别为 18.89MPa 和 17.04MPa，抗弯强度 120.89MPa，根据我国对木材抗弯强度的分级标准[13]，两蕊苏木木材的抗弯强度为高等级(117.7~166.6MPa)、抗弯弹性模量

15.11GPa，根据我国对木材抗弯弹性模量的分级标准[13]，抗弯弹性模量为高等级。两蕊苏木硬度较大，且三个切面（径面、弦面、端面）的硬度不完全相同，其中端面硬度平均值最大，变异系数最小；径面硬度平均值最小，变异系数居中。端面、弦面和径面硬度平均值分别是 6719.89N、4058.42N、3380.05N，比例为 1.70∶1.00∶0.83。顺纹抗压强度和抗弯强度的和可代表木材综合强度，两蕊苏木木材的综合强度为 192.36MPa，与《木材材性分级规定》对比可知，其木材综合强度属于高等级。

表 4-4　两蕊苏木主要力学性能测量结果

试验项目		平均值	标准差	变异系数/%
顺纹抗拉强度/MPa		151.28	46.88	31.00
横纹抗拉强度/MPa	弦向	3.57	0.87	25.89
	径向	14.65	1.32	8.94
顺纹抗压强度/MPa		71.47	12.60	17.67
横纹全部抗压强度/MPa	弦向	12.20	0.44	3.67
	径向	12.64	0.89	7.05
横纹局部抗压强度/MPa	弦向	20.00	1.44	6.94
	径向	16.84	1.32	7.60
横纹抗压弹性模量/MPa	弦向	17.04	0.53	3.13
	径向	18.89	0.49	3.01
抗弯强度/MPa		120.89	37.15	30.73
抗弯弹性模量/MPa		15114.80	2900.44	19.19
硬度/N	端面	6719.89	403.61	6.01
	弦面	4058.42	649.01	15.99
	径面	3380.05	277.27	8.21

4.3.5　象牙海岸格木

由表 4-5 象牙海岸格木主要力学性能测量结果可知，象牙海岸格木顺纹抗拉强度 141.15MPa，横纹抗拉强度弦向 9.94MPa、径向 20.59MPa，径向抗拉强度是弦向的 2.07 倍；顺纹抗压强度 111.06MPa，径向和弦向横纹全部抗压强度分别是 22.10MPa 和 24.02MPa，顺纹抗压强度是径向横纹抗压强度 4.62 倍，木材的弹塑性能一般，略显脆性，过度弯曲易折断；抗弯强度 185.37MPa，根据我国对木材抗弯强度的分级标准[13]，象牙海岸格木的抗弯强度为高等级（117.7~166.6MPa）；抗弯弹性模量 15.22GPa，根据我国对木材抗弯弹性模量的分级标准[13]，抗弯弹性模量为高等级。径面、弦面和端面硬度分别 6662.21N、6629.59N、9087.87N，三者的比例为 1.00∶1.54∶1.67，按照《木材的主要物理力学性质分级表》5 级分级法，其处于等级 4，属于高等级；各项木材力学性能变异系数为 3.50%~21.27%，木材综合强度通常用木材顺纹抗压强度与抗弯强度之和来表示，用来评价木材作为承重构件性能的优劣。鞋木顺纹抗压强度为 111.06MPa，抗弯强度为 185.37MPa，木材综合强度为 296.43MPa，综合强度属于超高等级[13]，木材力学性能整体评价为优异。

表 4-5　象牙海岸格木的主要力学性能测量结果

试验项目		平均值	标准差	变异系数/%
顺纹抗拉强度/MPa		141.15	29.97	21.27
横纹抗拉强度/MPa	弦向	9.94	1.47	15.35
	径向	20.59	1.63	7.84
顺纹抗压强度/MPa		111.06	6.23	5.60
横纹全部抗压强度/MPa	弦向	24.02	0.96	4.10
	径向	22.10	3.23	14.37
横纹局部抗压强度/MPa	弦向	35.78	2.57	6.03
	径向	32.15	4.12	12.62
横纹抗压弹性模量/MPa	弦向	18.39	0.69	4.05
	径向	18.57	0.61	3.50
抗弯强度/MPa		185.37	21.94	11.82
抗弯弹性模量/MPa		15215.60	2046.22	13.49
硬度/N	端面	9087.87	710.44	7.82
	弦面	6629.59	418.11	6.31
	径面	6662.21	521.27	7.82

4.3.6　翼红铁木

翼红铁木的主要力学性能试验结果见表 4-6。翼红铁木的顺纹抗拉强度、径向横纹局部抗压强度以及抗弯强度变异系数偏高，其他强度变异系数为 3.01%~12.59%。翼红铁木顺纹抗拉强度 143.35MPa，是其横纹弦向抗拉强度的 8.75 倍，是横纹径向抗拉强度的 4.5 倍；顺纹抗压强度 102.50MPa，根据我国对木材抗压强度的分级标准[13]，属于高等材；径向和弦向横纹全部抗压强度分别是 40.02MPa 和 29.40MPa，径向和弦向横纹局部抗压强度分别是 45.35MPa 和 44.26MPa；抗弯强度 167.94MPa，根据我国对木材抗弯强度的分级标准[13]，象牙海岸格木木材的抗弯强度为高等级；抗弯弹性模量 15.73GPa，根据我国对木材抗弯弹性模量分级标准[13]，抗弯弹性模量为高等级；翼红铁木的硬度测试结果显示，其大小依次为端面硬度、径面硬度、弦面硬度，分别为 15732.94N、

14552.11N、14285.74N。按照木材端面硬度分级标准[13]，属于超高等级。木材作为承重构件时，通常用顺纹抗压强度和抗弯强度之和来表示木材的综合强度。翼红铁木的综合强度为270.44MPa，根据我国对木材材性分级标准[13]，其综合强度属于超高等级，木材力学性能整体评价为优异。

表 4-6 翼红铁木的主要力学性能测量结果

试验项目		平均值	标准差	变异系数/%
顺纹抗拉强度/MPa		143.35	43.62	30.42
横纹抗拉强度/MPa	弦向	16.38	2.14	12.55
	径向	31.46	3.36	10.36
顺纹抗压强度/MPa		102.50	5.39	5.26
横纹全部抗压强度/MPa	弦向	29.40	1.20	4.20
	径向	40.02	1.87	4.63
横纹局部抗压强度/MPa	弦向	44.26	1.80	4.03
	径向	45.35	8.14	17.97
横纹抗压弹性模量/MPa	弦向	19.63	0.77	4.01
	径向	20.85	0.58	3.01
抗弯强度/MPa		167.94	25.22	15.03
抗弯弹性模量/MPa		15664.35	1971.67	12.59
硬度/N	端面	15732.94	669.42	4.26
	弦面	14285.74	685.42	4.80
	径面	14552.11	689.81	4.74

4.3.7 单瓣豆

单瓣豆的主要力学性能测试结果见表4-7，木材顺纹抗拉强度109.00MPa；径向和弦向横纹抗拉强度分别是9.62MPa和5.00MPa，径向较弦向高，顺纹抗拉强度是横纹抗拉强度径向的4.70倍、弦向的9.57倍；顺纹抗压强度53.60MPa，根据我国对木材顺纹抗压强度的分级标准[13]，单瓣豆的顺纹抗压强度为高等级，高于我国市场上大部分木材；径向和弦向横纹全部抗压强度是11.43MPa和5.60MPa；径向和弦向横纹抗压弹性模量分别是19.65MPa和18.46MPa；抗弯强度93.36MPa，根据我国对木材抗弯强度的分级标准，抗弯强度为中等级；抗弯弹性模量10.74GPa，根据我国对木材抗弯弹性模量分级标准[13]属于中等级（10.4~13.2GPa）；径面、弦面和端面硬度分别是2223.11N、2380.15N和3687.47N，按照《木材的主要物理力学性质分级表》5级分级法，其处于等级2，属于低等级，木材径面与弦面硬度差值较小，端面硬度最大。各项木材力学能变异系数为3.90%~30.66%。木材综合强度通常用木材顺纹抗压强度与抗弯强度之和来表示，用来评价木材作为承重构件性能的优劣。单瓣豆的顺纹抗压强度为 53.60MPa，抗弯强度为 93.36MPa，木材综合强度为 146.96MPa，综合强度属于中等级[13]。木材力学性能整体评价为中等。

表 4-7 单瓣豆的主要力学性能测量结果

试验项目		平均值	标准差	变异系数/%
顺纹抗拉强度/MPa		109.00	28.73	26.34
横纹抗拉强度/MPa	弦向	5.00	1.47	30.66
	径向	9.62	1.89	19.69
顺纹抗压强度/MPa		53.60	2.81	5.25
横纹全部抗压强度/MPa	弦向	5.60	0.27	6.01
	径向	11.43	1.62	14.41
横纹局部抗压强度/MPa	弦向	8.78	1.21	13.51
	径向	14.69	1.95	13.92
横纹抗压弹性模量/MPa	弦向	18.46	0.87	4.69
	径向	19.65	0.79	3.90
抗弯强度/MPa		93.36	12.44	13.27
抗弯弹性模量/MPa		10741.82	1184.51	11.03
硬度/N	端面	3687.47	197.87	5.37
	弦面	2380.15	208.73	8.77
	径面	2223.11	248.02	11.16

4.3.8 腺瘤豆

腺瘤豆的主要力学性能测试结果见表 4-8，腺瘤豆顺纹抗压强度 62.49MPa，远高于我国木材顺纹抗压强度平均值（45.00MPa），抗压强度属于高等级；顺纹抗拉强度平均值 78.93MPa，是其顺纹抗压强度的 1.26 倍，横纹抗拉强度弦向 8.84MPa、径向 19.06MPa，抗拉强度值径向是弦向的 2.16 倍；径向和弦向横纹全部抗压强度分别是 12.62MPa 和 10.87MPa；径向和弦向横纹抗压弹性模量分别为 19.81MPa 和 18.49MPa；抗弯强度和抗弯弹性模量分别是 123.63MPa 和 12.60GPa，根据我国对木材抗弯弹度和抗弯弹性模量分级标准[13]分别属于高级和中级；径面、弦面和端面硬度分别是 3854.88N、3988.03N、6254.80N，根据我国对木材硬度的分级标准[13]，腺瘤豆的硬度都属于中等级（3930.0～6370.0N）。腺瘤豆的顺纹抗压强度为 62.49MPa，抗弯强度为 123.63MPa，木材综合强度为 186.09MPa，综合强度属于高等级[13]。各项力学性能变异系数为 2.3%～14.7%，综合显示，腺瘤豆力学性能整体评价为中等。

表 4-8　腺瘤豆的主要力学性能测量结果

试验项目		平均值	标准差	变异系数/%
顺纹抗拉强度/MPa		76.44	8.13	10.63
横纹抗拉强度/MPa	弦向	8.84	0.69	7.63
	径向	19.06	1.21	6.16
顺纹抗压强度/MPa		62.49	5.32	8.44
横纹全部抗压强度/MPa	弦向	10.87	0.88	8.34
	径向	12.62	0.29	2.34
横纹局部抗压强度/MPa	弦向	16.40	2.40	14.75
	径向	12.17	1.09	8.79
横纹抗压弹性模量/MPa	弦向	18.49	0.92	4.62
	径向	19.81	0.82	4.19
抗弯强度/MPa		123.63	11.97	9.69
抗弯弹性模量/MPa		12598.40	805.63	6.40
硬度/N	端面	6254.80	327.66	5.24
	弦面	3988.03	322.67	8.09
	径面	3854.88	275.23	7.14

4.3.9　非洲紫檀

由表 4-9 可知，非洲紫檀的顺纹抗拉强度平均值为 96.92MPa，横纹抗拉强度弦向 11.54MPa、径向 11.98MPa；顺纹抗压强度 67.50MPa，我国木材顺纹抗压强度的平均值约为 45.00MPa，非洲紫檀的顺纹抗压强度远高于我国其他木材的平均值，抗压强度属于高等级；径向和弦向横纹全部抗压强度分别是 14.39MPa 和 17.28MPa，径向是弦向的 1.20 倍；抗弯强度 106.66MPa，等级均为中级（88.1~118.0MPa）[13]；抗弯弹性模量 12.33GPa，根据我国对木材抗弯弹性模量的分级标准[13]，属于中等级；非洲紫檀的端面、弦面及径面硬度分别为 6867.08N、4460.43N、4111.27N，三者的比例为 1.00∶0.65∶0.60。根据我国对木材硬度的分级标准[13]，非洲紫檀的端面硬度属于硬，弦面硬度和径面硬度属于中等级，具有较好的耐磨损性能。木材综合强度通常用木材顺纹抗压强度与抗弯强度之和来表示，用来评价木材作为承重构件性能的优劣。非洲紫檀木材的顺纹抗压强度为 67.50MPa，抗弯强度为 106.66MPa，木材综合强度为 174.16MPa，综合强度属于高等级[13]。木材的顺纹抗压强度、横纹径向抗拉强度以及顺纹抗拉强度变异系数偏高，其他强度变异系数中等，综合显示，非洲紫檀的力学性能表现良好。

表 4-9　非洲紫檀的主要力学性能测量结果

试验项目		平均值	标准差	变异系数/%
顺纹抗拉强度/MPa		96.92	22.12	22.80
横纹抗拉强度/MPa	弦向	11.54	1.44	11.81
	径向	11.98	2.78	23.14
顺纹抗压强度/MPa		67.50	6.88	48.13
横纹全部抗压强度/MPa	弦向	17.28	0.97	5.30
	径向	14.39	1.43	9.40
横纹局部抗压强度/MPa	弦向	23.45	2.53	10.73
	径向	21.22	3.11	14.70
横纹抗压弹性模量/MPa	弦向	17.69	3.62	20.55
	径向	18.36	3.69	20.10
抗弯强度/MPa		106.66	15.45	14.55
抗弯弹性模量/MPa		12327.37	1199.83	9.73
硬度/N	端面	6867.08	353.78	5.15
	弦面	4460.43	502.32	11.26
	径面	4111.27	215.27	5.24

4.3.10　9 种非洲木材顺纹抗拉试样断裂断口形貌分析

木材在受外力拉伸情况下，木材顺纹构造分子在拉力方向上发生延展，在到达极限抵抗力值时断裂，因此，通常情况下木材顺纹抗拉强度取决于木材纤维或管胞的强度、长度和位置。木材顺纹方向抵抗拉扯，在遭遇最大载荷时被破坏，破坏形式为倾斜地垂直纤维，纤维胞壁发生明显的撕裂，也有纤维相互之间被拉断而分离，直观上可观察到断口形貌五花八门，典型非洲木材顺纹抗拉破坏断口形貌如图 4-1~图 4-9 所示，形成的断口表面极不规则。如图 4-1a、图 4-2c、图 4-4c 和图 4-8b 呈现的断面形貌为"一"字形，断口为明显的锯齿状；再看图 4-2b、图 4-3b、图 4-5c、图 4-6a 和 c、图 4-7b 和 c、图 4-9a 和 b 呈现的细裂片状断面形貌；最后观察图 4-1b 和 c、图 4-2a、图 4-3a 和 c、图 4-4a 和 b、图 4-5a 和 b、图 4-6b、图 4-7a、图 4-8a 和 c、图 4-9c 和 d 呈现的断面形貌为明显的针状撕裂；分析 9 种典型非洲木材顺纹抗拉破坏断面都有针状撕裂样貌，以圆盘豆和非洲紫檀抗拉破坏断面的针状甚为明显，像腺瘤豆抗拉破坏断面的有一针状未现"针"型，还有"楔"形抗拉破坏断面，如图 4-2b、图 4-3b、图 4-6c、图 4-9a 和 b 所示。纵观这些木材抗拉强度断裂口形貌，破坏的路径形成了相似的多层次结构，都是破坏断面不平整，呈锯齿状木茬。

图4-1~图4-9（彩图）

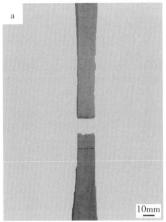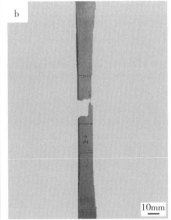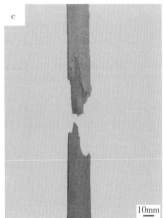

图 4-1　奥古曼顺纹抗拉断口形貌

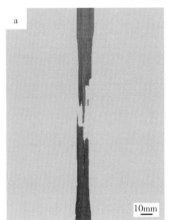

图 4-2　鞋木顺纹抗拉断口形貌

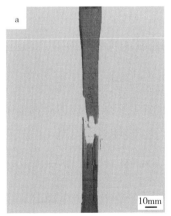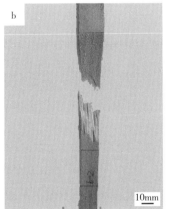

图 4-3　圆盘豆顺纹抗拉断口形貌

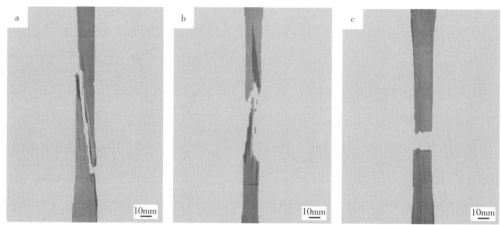

图 4-4　两蕊苏木顺纹抗拉断口形貌

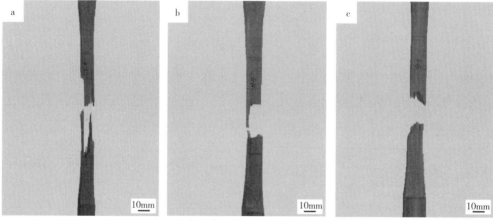

图 4-5　象牙海岸格木顺纹抗拉断口形貌

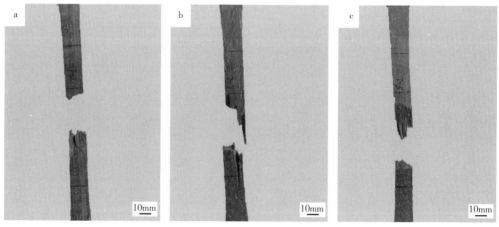

图 4-6　翼红铁木顺纹抗拉断口形貌

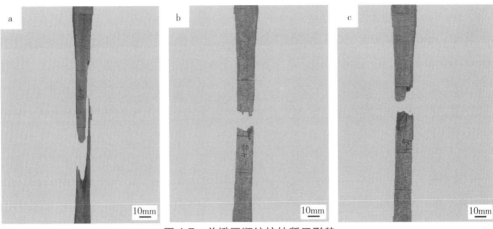

图 4-7 单瓣豆顺纹抗拉断口形貌

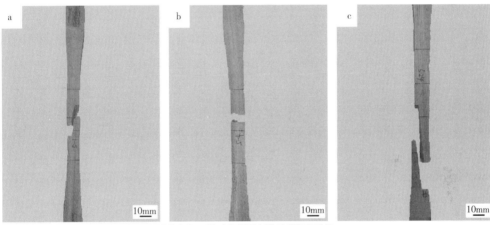

图 4-8 腺瘤豆顺纹抗拉断口形貌

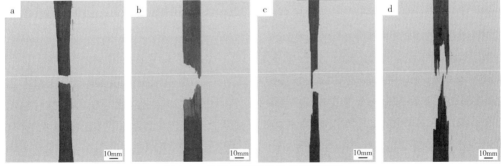

图 4-9 非洲紫檀顺纹抗拉断口形貌

4.3.11 9 种非洲木材力学性能比较分析

从附录一可以比较直接分析 9 种木材的力学性能。

从抗拉强度测量结果可知，9 种典型非洲木材顺纹抗拉强度为 73.46~155.27MPa，顺纹抗拉强度从大到小依次为：圆盘豆>两蕊苏木>翼红铁木>象牙海岸格木>单瓣豆>非洲紫檀>奥古曼>腺瘤豆>鞋木，顺纹抗拉强度最大的是圆盘豆(155.27MPa)，其次是两蕊苏木(151.28MPa)，顺纹抗拉强度较小的是鞋木(73.46MPa)和腺瘤豆(76.44MPa)。圆盘豆、两蕊苏木、翼红铁木 3 种木材顺纹抗拉强度值较高，在顺纹方向承受拉伸载荷能力优于其余树种。

由横纹抗拉强度测量结果看，9 种典型非洲木材的抗拉强度都满足径向>弦向，不同树种木材的横纹抗拉强度值差异明显。径向抗拉强度为 2.51~31.46MPa，大小关系为：翼红铁木>象牙海岸格木>腺瘤豆>圆盘豆>两蕊苏木>非洲紫檀>单瓣豆>奥古曼>鞋木；弦向抗拉强度为 2.00~16.38MPa，大小关系为：翼红铁木>非洲紫檀>象牙海岸格木>圆盘豆>腺瘤豆>单瓣豆>奥古曼>两蕊苏木>鞋木；9 种木材中翼红铁木的径向和弦向抗拉强度都是最大，分别为 31.46MPa、16.38MPa，其径向抗拉强度约为弦向抗拉强度的 2 倍，鞋木的径向和弦向抗拉强度最小，分别为 2.51MPa、2.00MPa。木材纤维的纵向排布使木材在纵向上强度大于横向，木材抗拉强度和抗压强度均为纵向大于横向，同时木材径向承受拉伸载荷能力优于弦向。

9 种典型非洲木材顺纹抗压强度为 42.00~111.06MPa，大小关系为：象牙海岸格木>翼红铁木>圆盘豆>两蕊苏木>非洲紫檀>腺瘤豆>单瓣豆>鞋木>奥古曼，顺纹抗压强度最大的是象牙海岸格木(111.06MPa)，其次是翼红铁木(102.50MPa)，顺纹抗压强度较小的是鞋木(50.44MPa)和奥古曼(42.00MPa)。象牙海岸格木、翼红铁木、圆盘豆木材顺纹抗压强度较大，结合木材纤维形态测量来看，两种木材纤维长度和纤维长宽比均较大，一定程度上可以说明木材纤维长宽对木材力学强度，尤其是顺纹抗压强度影响很大。

由横纹全部抗压强度测量结果看，弦向横纹全部抗压强度为 5.09~29.40MPa，大小关系为：翼红铁木>象牙海岸格木>圆盘豆>非洲紫檀>两蕊苏木>腺瘤豆>鞋木>单瓣豆>奥古曼，其中最大的是翼红铁木(29.40MPa)，其次是象牙海岸格木(24.02MPa)，最小的是奥古曼(5.09MPa)。径向横纹全部抗压强度为 5.11~40.02MPa，大小关系为：翼红铁木>象牙海岸格木>圆盘豆>非洲紫檀>两蕊苏木>腺瘤豆>单瓣豆>奥古曼>鞋木，其中最大的是翼红铁木(40.02MPa)，其次是象牙海岸格木(22.10MPa)，最小的是鞋木(5.11MPa)。

由 9 种典型非洲木材横纹局部抗压强度测量结果看，弦向横纹局部抗压强度为 7.60~44.26MPa，大小关系为：翼红铁木>象牙海岸格木>圆盘豆>非洲紫檀>两蕊苏木>腺瘤豆>鞋木>单瓣豆>奥古曼，其中最大的是翼红铁木(44.26MPa)，其次是象牙海岸格木(35.78MPa)，最小的是奥古曼(7.60MPa)。径向横纹局部抗压强度为 10.18~45.35MPa，大小关系为：翼红铁木>象牙海岸格木>圆盘豆>非洲紫檀>两蕊苏木>单瓣豆>鞋木>腺瘤豆>奥古曼，其中最大的是翼红铁木(45.35MPa)，其次是象牙海岸格木(32.15MPa)，最小的是奥古曼(10.18MPa)。

9 种典型非洲木材横纹抗压弹性模量差异不大，除圆盘豆外，其余 8 种木材横纹抗压弹性模量均为弦向<径向。9 种木材弦向横纹抗压弹性模量为 17.04~19.63MPa，大小关系

为：翼红铁木>圆盘豆>腺瘤豆>单瓣豆>象牙海岸格木>非洲紫檀>奥古曼>鞋木>两蕊苏木，其中最大的是翼红铁木（19.63MPa），最小的是两蕊苏木（17.04MPa）。9 种木材径向横纹抗压弹性模量为 17.89~20.85MPa，大小关系为：翼红铁木>腺瘤豆>单瓣豆>奥古曼>圆盘豆>象牙海岸格木>鞋木>非洲紫檀>两蕊苏木，其中最大和最小的木材与弦向抗压弹性模量保持一致，翼红铁木（20.85MPa）最大，最小的是两蕊苏木（17.89MPa）。9 个树种的横纹抗压弹性模量试验差异不明显。通过抗压强度和抗拉强度的测试，可以发现木材在顺纹方向承受压力和拉力的能力都远远强于横向受力。木材在弦向或径向受到外界压力时，主要为纤维在横向受力，所以此时木材纤维双壁厚及空腔直径的大小起到至关重要的作用。管孔的大小和胞间道也会对此产生影响，通过对木材宏微观特征和解剖学特性的观察研究，翼红铁木、圆盘豆两种木材纤维壁最厚，所以木材在横向上抵抗外界压力的能力较强，是制作承重地板、枕木等需承受较大横向压力的良好材料。

9 种典型非洲木材抗弯强度为 76.31~185.37MPa，大小关系为：象牙海岸格木>翼红铁木>圆盘豆>腺瘤豆>两蕊苏木>鞋木>非洲紫檀>单瓣豆>奥古曼，9 种木材抗弯强度值差异明显，抗弯强度最大的是象牙海岸格木（185.37MPa），最小的是奥古曼（76.31MPa），象牙海岸格木的抗弯强度比奥古曼高 142.91%。9 种木材抗弯弹性模量为 9986.04~16124.66MPa，大小关系为：圆盘豆>翼红铁木>象牙海岸格木>两蕊苏木>鞋木>腺瘤豆>非洲紫檀>单瓣豆>奥古曼，抗弯弹性模量最大的是圆盘豆（16124.66MPa），最小的是奥古曼（9986.04MPa），象牙海岸格木的抗弯强度比奥古曼高 61.47%。象牙海岸格木、翼红铁木、圆盘豆 3 种木材抗弯强度和抗弯弹性模量值较高，木材在横向上承受外界压力能力更强，适合做建筑物中的屋架、横梁、木桥和家具中的横梁、地板等易弯曲构件，而像抗弯强度和抗弯弹性模量值较低的非洲紫檀、单瓣豆、奥古曼木材，需注意避免在此类易弯曲结构中使用。

9 种典型非洲木材端面硬度为 3336.83~15732.94N，大小关系为：翼红铁木>圆盘豆>象牙海岸格木>非洲紫檀>两蕊苏木>腺瘤豆>鞋木>单瓣豆>奥古曼，端面硬度最大的是翼红铁木（15732.94N），最小的是奥古曼（3336.83N），翼红铁木的端面硬度比奥古曼高371.49%；9 种木材弦面硬度为 2059.87~14285.74N，大小关系为：翼红铁木>圆盘豆>象牙海岸格木>非洲紫檀>两蕊苏木>腺瘤豆>单瓣豆>鞋木>奥古曼，弦面硬度最大的是翼红铁木（14285.74N），最小的是奥古曼（2059.87N），翼红铁木的弦面硬度比奥古曼高593.53%；9 种木材径面硬度为 1916.27~14552.11N，大小关系为：翼红铁木>圆盘豆>象牙海岸格木>非洲紫檀>腺瘤豆>两蕊苏木>鞋木>单瓣豆>奥古曼，径面硬度最大的仍是翼红铁木（14552.11N），最小的是奥古曼（1916.27N），翼红铁木的径面硬度比奥古曼高659.40%。9 个树种之间硬度结果差异显著，翼红铁木、圆盘豆、象牙海岸格木木材硬度高，原因分析为木材纤维之间结合紧密，纤维壁较厚，同时内含物丰富，使得木材材质致密。硬度越高的木材，抵抗外界压入的能力越强，表现出来木材更坚硬。此类木材适合用于对木材硬度要求高的地方，如重型建筑材、地板、枕木等，而奥古曼、单瓣豆、鞋木等硬度较低的树种，应避免在此类场合使用。

4.3.12 9种非洲木材力学性能聚类分析

测得9种典型非洲木材的力学性能参数，借助 Origin 软件分别进行聚类分析，得到图4-10抗拉聚类分析结果，图4-11抗压聚类分析结果和图4-12抗弯聚类分析结果。

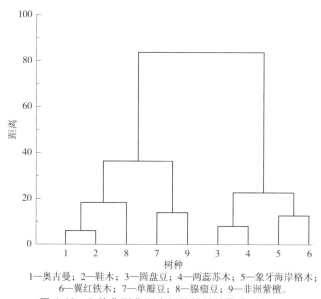

1—奥古曼；2—鞋木；3—圆盘豆；4—两蕊苏木；5—象牙海岸格木；
6—翼红铁木；7—单瓣豆；8—腺瘤豆；9—非洲紫檀。

图4-10 9种典型非洲木材抗拉性能聚类分析图

图4-10表明，按木材的抗拉性能且并类距离为20~25时，可将9种典型非洲木材分为4类；奥古曼、鞋木和腺瘤豆为一类，抗拉强度为70.00~80.00MPa，属于低等，适合应用于对木材的抗拉性能较低要求的场所；单瓣豆和非洲紫檀为一类，抗拉强度为95.00~110.00MPa，属于中等；圆盘豆和两蕊苏木为一类，抗拉强度为140.00~150.00MPa，属于高等，具有很好的抗拉性能；象牙海岸格木和翼红铁木为一类，抗拉强度为150.00~160.00MPa，该类木材具有很高的抗拉性能，应用于对抗拉性能很高要求的场所。

将9种典型非洲木材按抗压性能聚类(图4-11)，并类距离约为25时，可分为4类；奥古曼、鞋木和单瓣豆为一类；两蕊苏木、腺瘤豆和非洲紫檀为一类；圆盘豆和象牙海岸格木为一类；翼红铁木为单独为一类，同类木材之间的抗压性能较接近或类似。

由图4-12可知，按抗弯性能聚类且并类距离为1000~1500时，可以将9种木材分为4类；奥古曼和单瓣豆为一类，抗弯强度和抗弯弹性模量分别为75.00~95.00MPa和9900.00~11000.00MPa；鞋木单独为一类，抗弯强度在110.00MPa左右和抗弯弹性模量在14.00GPa左右；腺瘤豆和非洲紫檀为一类，抗弯强度为105.00~120.00MPa、抗弯弹性模量为12.00~12.50GPa；圆盘豆、两蕊苏木、象牙海岸格木和翼红铁木为一类，抗弯强度为120.00~185.00MPa、抗弯弹性模量为15.00~16.00GPa，处于同一类的木材，抗弯强度和抗弯弹性模量之间的数值是接近。结合本章对9种木材的抗拉、抗压和抗弯力学性能

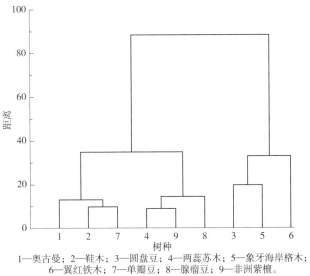

1—奥古曼；2—鞋木；3—圆盘豆；4—两蕊苏木；5—象牙海岸格木；
6—翼红铁木；7—单瓣豆；8—腺瘤豆；9—非洲紫檀。

图 4-11　9 种典型非洲木材抗压性能聚类分析图

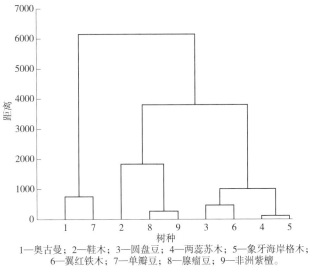

1—奥古曼；2—鞋木；3—圆盘豆；4—两蕊苏木；5—象牙海岸格木；
6—翼红铁木；7—单瓣豆；8—腺瘤豆；9—非洲紫檀。

图 4-12　9 种典型非洲木材抗弯性能聚类分析图

测量结果分析对比可得，聚类分析的结构可靠，通过聚类分析，可以实现将不同木材的应用场所进行区分，使得同类木材之间性能相近的归结为一类，为木材之间的替换使用，提供更可靠的理论分析。

4.4　本章小结

通过对 9 种典型非洲木材的力学性能试验结果分析，翼红铁木、象牙海岸格木、圆盘豆 3 种木材在各项力学性能测试中表现优异，其抗压强度、抗弯强度和抗弯弹性模量均较大，可用于木结构建筑、桥梁、枕木、地板龙骨和木桁架等对木材强度要求高的地方；鞋木、单瓣豆、奥古曼木材的力学性能较差，应避免在此类场所使用。从横纹抗拉强度测量结果看，每种木材的抗拉强度都满足径向大于弦向。9 种木材硬度端面明显大于弦面和径面，而弦面与径面的硬度相差较小，说明木材端面抵抗刚性体压入的能力强于侧面，两侧面抵抗刚性体压入的能力相当。

参考文献

[1]刘一星，赵广杰. 木材学[M]. 北京：中国林业出版社，2012：205.

[2]童再康，俞友明，郑勇平. 黑杨派新无性系木材物理力学性质研究[J]. 林业科学研究，2002(4)：450-456.

[3]孙晓梅，楚秀丽，张守攻，等. 落叶松种间及其杂种木材物理力学性质评价[J]. 林业科学，2012，48(12)：153-159.

[4]刘晓丽，王喜明，姜笑梅，等. 沙棘材解剖及物理力学性质的研究[J]. 北京林业大学学报，2004，26(2)：84-89.

[5]吕建雄，骆秀琴，蒋佳荔，等. 红锥和西南桦人工林木材力学性质的研究[J]. 北京林业大学学报，2006，28(2)：118-122.

[6]骆秀琴，姜笑梅，殷亚方，等. 人工林马尾松木材性质的变异[J]. 林业科学研究，2002(1)：28-33.

[7]魏鹏，贾晨，周永丽，等. 鹅掌楸天然林木材物理力学及垂直变异特性研究[J]. 四川林业科技，2018，39(1)：27-31.

[8]孙娟，王喜明，贺勤. 沙柳材物理力学性能及其测试方法的研究[J]. 林产工业，2012，39(2)：57-59.

[9]王桂岩，王彦，李善文，等. 13 种杨树木材物理力学性质的研究[J]. 山东林业科技，2001(2)：1-11.

[10]史蓓. 热处理对圆盘豆木材性能影响及其机理研究[D]. 北京：中国林业科学研究院，2011.

[11]徐开蒙，彭鹏祥，李凯夫，等. 不同地理种源柚木材硬度及耐磨性差异研究[J]. 林产工业，2018，45(1)：14-18.

[12]陈澄. 改性处理对毛白杨物理力学性能影响的研究[D]. 泰安：山东农业大学，2017.

[13]李坚. 木材科学研究[M]. 北京：科学出版社，2009：265.

典型非洲木材机械加工性能 5

5.1 引言

原木用于生产制造的生产工艺流程一般是：断料、纵解、刨削基准面、压刨相对面、铣型、榫加工、装配和涂饰。实际上，这些工艺流程都涉及了木材的刨削、砂削、铣削、钻削、车削、榫眼加工性能[1]。国内木制品生产入门门槛低，大多数都是手艺人凭借多年的经验进行生产加工，没有从科学理论角度来分析木制品加工与木材机械加工性能的关系，有人甚至说"等你分析测试完木材的机械加工性能，木材都用完啦"。然而，利用木材生产高附加值产品的根本前提就是：要先充分理解木材机械加工性能，再去判断该树种是否适合于生产高附加值木制品。要高质量的利用好非洲木材资源，需要对木材机械加工性能有一定的认知，本章选取 9 种典型非洲木材为试验材料，选定商业生产中最典型的 6 种加工方式：刨削、砂削、铣削、钻削、开榫以及车削为测试项目，所有的测试程序均根据我国林业行业标准 LY/T 2054—2012《锯材机械加工性能评价方法》[2]，并充分考虑了现代木材加工生产实践和工业技术的不断发展。旨为在我国的使用环境和加工条件下，合理利用进口木材提供数据支撑和理论依据。

5.2 试验材料与方法

5.2.1 试验材料

按照第 3 章的方法选择 9 种非洲木材加工成板材，试材均选用弦切板，加工成 1300mm×130mm×20mm（长×宽×厚）的试件，加工试件时注意避开腐朽、虫蛀等缺陷，每个树种各取至少 30 块板材。按图 5-1 所示将板材加工成机械加工性能测试所需的不同尺寸试件，具体尺寸见表5-1，分别用于刨削、砂削、铣削、钻削、开榫和车削等6种加工性能的测试与评价。

图5-1　试样加工示意图

表5-1　机械加工性能测试试件尺寸与数量

测试项目	试样规格(长×宽×厚)/mm	试样数量／个
刨削	900×100×20	30
砂削	400×100×10	30
铣削	300×80×20	30
钻削	300×80×20	30
榫眼加工	300×80×20	30
车削	130×20×20	30

5.2.2　试验方法

木材机械加工性能试验在广东省宜华生活科技股份有限公司原木部件生产车间进行，所有设备调试后均符合我国林业行业标准 LY/T 2054—2012《锯材机械加工性能评价方法》要求，对9种非洲木材的刨削、砂削、铣削、钻孔、开榫和车削等6项机械加工性能进行测试和综合评价。

5.2.2.1　刨削

选用 MB204 型自动进料双面刨床(PLANER MASTER)进行单面刨削，一次只刨削一个面，刀具材质为高速钢，主轴安装有3个刀片，刀具楔角为30°，主轴转速5300r/min，将试样毛料加工成具有一定精确尺寸或几何面形状[3-4]。在刨削加工过程中，刨削深度和进料速度是重要的技术参数，直接影响刨削加工质量。根据我国林业行业标准和生产实际，本试验刨削深度选取 1.6mm，进料速度分别选取 8m/min、9.5m/min 和 19m/min，进行3种刨削加工方式，每次均以相同方向进料，试样相对面交替刨削，避免由应力释放造成试样弯曲。记录刨削缺陷的主要类型，并对刨削后的试件按照 LY/T 2054—2012《锯材机械加工性能评价方法》分为以下5级：1级，优秀，不存在任何刨削缺陷；2级，良好，存在轻微刨削缺陷，可通过 120 目砂纸轻磨而清除；3级，中等，存在较大的轻微刨削缺陷，仍可通过 120 目砂纸轻磨而清除；4级，较差，存在较大和较深的刨削缺陷，不能或很难通过砂纸清除；5级，很差：存在严重刨削缺陷。统计3种进料速度下，1级、1级与2级之和所占百分率,确定最佳加工参数。木材表面粗糙度是描述木材微观形状特征和不平度的重要参数,是评价木材表面加工质量的重要指标[5-6]。

5.2.2.2 砂削

选用 1350RRK 型压辊宽带式砂光机,120 目砂带,进料速度 6m/min,砂削量 0.6mm,每个试件砂光两次。砂光可以消除前道工序(铣削、刨削等)在木制品表面留下的波纹、毛刺、沟痕等缺陷,使工件表面获得一定的厚度、必要的光洁度及平整度[7-8]。根据砂削产生的缺陷类型和严重程度,将试件分为 5 个等级,并将 1 级(无缺陷试样)所占百分率作为砂削性能达标百分率。砂削是确定木材表面质量的一道重要工序,对木制品的质量甚至加工成本都有影响,砂削后试样的表面粗糙度反映了砂削质量的好坏[9-10]。

5.2.2.3 铣削

选用 MX5068 型马氏木工镂铣机,主轴转速 17000r/min,进料速度约 0.6m/min,工作台规格 600mm×805mm,手动进料,进料速度适宜,以保证铣刀正常切削试样且不会撕裂木材,每次铣削深度为 1.6mm,顺纹理方向一次铣削成型。木材试件在配有成型铣刀或端铣刀铣床上进行铣削,根据铣削产生的缺陷类型和严重程度,将试件分为 5 级,并将 1 级和 2 级铣削试件数量所占百分率之和作为铣削性能达标百分率。

5.2.2.4 钻削

采用手动进料的 MZ9216 型马氏立卧式可调木工钻床,钻床在钻削前应该检查以下方面:定位方便、孔间距校准、加工孔与加工面角度定位较灵活等。钻头选用直径为 25mm 的圆形沉割刀中心钻,转速为 2820r/min。将木材进行钻孔加工后,通过试样的孔上、下边缘及内壁光滑度来评定其钻削加工性能。对试件孔上、下周缘及内壁粗糙度进行评价,将加工试件分为 5 个等级,并将 1 级(周缘及孔内壁均无缺陷)和 2 级(周缘或孔内壁存在少许轻微毛刺)所占总百分率之和作为钻削性能达标百分率。

5.2.2.5 开榫

采用 MJ105 立卧式开榫机,主轴转速为 3600r/min,每个试样开两个 30mm×12.5mm(长×宽,半径为 6.25mm)的椭圆榫,开榫加工时试样下放置垫板,确保垫板与试样紧密接触。根据开榫产生的缺陷类型和严重程度,被开榫加工的试件可分为 5 级,并将 1 级、2 级和 3 级开榫试件数量所占百分率之和作为开榫性能达标百分率。

5.2.2.6 车削

车削是利用试件的旋转和刀具的移动进行的一种加工方式,通常用来加工回转型部件。试验采用 HYMC150 数控木工车床,主轴功率 4000W,主轴转速 2800r/min,进料速度 0.6m/min。根据车削产生的缺陷类型和严重程度,将试件分为 5 个等级,并将 1 级、2 级和 3 级车削试件数量的百分率之和作为车削性能达标百分率。

5.2.2.7 机械加工性能综合评价

根据 LY/T 2054—2012《锯材机械加工性能评价方法》,测试分析每个树种的单项机械加工性能质量，并定量比较 9 个非洲木材的综合机械加工性能。按照各项测试的要求，将刨削、砂削加工的 1 级所占百分率作为达标率，钻削、铣削的 1 级和 2 级所占总百分率之和作为达标率，开榫和车削的 1 级、2 级、3 级所占总百分率之和作为达标率，并依下表确定各加工项目的加工质量级别。

表 5-2　单项测试质量级别值划分标准

试件达标百分率	级别
90%～100%	5
70%～89%	4
50%～69%	3
30%～49%	2
0～29%	1

参照 LY/T 2054—2012《锯材机械加工性能评价方法》，观察和分析试验在产生的缺陷类型和严重程度，将试件分为 5 个等级。根据上述 6 种方法在木材加工生产中的重要性，将刨削、砂削、铣削和车削的加权数定为 2，钻削和开榫的加权数定为 1。对每一个测试项目，将试样达标百分率的高低，按对应的级别，每个项目的质量级别乘以其加权数，最后将各项得分相加，得出总分。满分为 50 分，通过总分高低来比较木材的综合加工性能[11-12]。

5.3　典型非洲木材机械加工性能结果与分析

5.3.1　奥古曼

奥古曼刨削加工后，1 级、1 级+2 级试样所占百分率见表 5-3。相同的刨削厚度下，随着刨削速度的增加，1 级、1 级+2 级所占的百分率都出现了不同程度的下降，由测试结果可以看出随着进料速度的增加，试件的刨削质量逐渐下降，尤其在所确定的刨削速度为 8m/min 时，1.6mm 切削厚度下奥古曼表现出了相对较好的刨削加工性能，其试样达到 1 级+2 级的百分率为 90%。

表 5-3　奥古曼在不同刨削速度下 1 级、1 级+2 级试样百分率

刨削速度	1 级试样百分率/%	1 级+2 级试样百分率/%
8m/min	37	90
9.5m/min	30	83
19m/min	23	73

表 5-4 为奥古曼刨削加工试验结果，试验条件是刨削加工深度 1.6mm、进料速度 8m/min。统计在该种加工条件下，每个树种的不同等级试样数量百分率，然后采用加权积分方法，1 级为 5 分，2 级为 4 分，3 级为 3 分，4 级为 2 分，5 级为 1 分，分别乘以各自的百分率，将得到的 5 个数值相加获得木材刨削加工的质量等级值，质量等级值 0~1 为很差，1~2 为较差，2~3 为一般，3~4 为良好，4~5 为优秀。由表中数据可以看出，奥古曼质量等级值为 4.27，刨削加工性能属优秀。

表 5-4　奥古曼在刨削速度 8m/min 条件下质量等级值

等级	1 级	2 级	3 级	4 级	5 级
百分率/%	37	53	10	0	0
质量等级值	4.27				

由表 5-5 可知，奥古曼砂削 1 级、2 级、3 级分别为 33%、40%、27%，并将 1 级所占百分率作为砂削性能达标百分率，奥古曼砂削加工性能达标率为 33%，表明该木材砂削加工性能较差。奥古曼铣削加工性能的达标率为 83%，铣削加工性能较差，木材铣削后容易留下毛刺和毛刺勾痕等缺陷(图 5-2)，但大部分缺陷都可通过砂纸打磨去除掉，该木材在铣削加工时，应注意降低进料速度，从而提高铣削质量。奥古曼的钻削加工性能等级主要集中在 2 级，1 级无缺陷试件较少，钻削加工性能达标率为 74%，该木材具有良好的钻削加工性能，从试验的总体情况来看，钻削加工产生的缺陷常常位于孔的下边缘，而且上边缘的质量要比下边缘好(图 5-2)，故合理使用下衬垫板，可以有效控制下周边缺陷的发生，提高其加工质量。奥古曼开榫和车削加工性能达标率均达到了 100%，仔细观察各等级的试件发现，开榫和车削主要集中在 2 级，分别达到了 70% 和 50%，说明该木材在榫加工和车削时很容易产生轻度缺陷(图 5-2)，观察试件发现，榫眼上边缘平整干净，缺陷都产生在榫眼下边缘。开榫过程中，试件在内壁及下边缘易产生表面缺陷，但通过手工打磨可以去除。

表 5-5　奥古曼除刨削外其他机械加工性能各等级所占百分率　　　　单位：%

加工方式	1 级	2 级	3 级	4 级	5 级	达标百分率
砂削	33	40	27	0	0	33
铣削	50	33	17	0	0	83
钻削	7	67	23	3	0	74
开榫	20	70	10	0	0	100
车削	17	50	33	0	0	100

从表 5-6 可知，奥古曼机械加工性能综合评定值为 39.54，按照 LY/T 2054—2012 标准要求，评价值在 40~50 时综合机械加工性能为优秀等级。

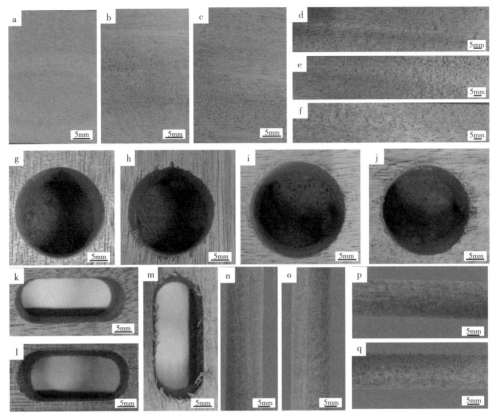

a~c：分别为砂削后1级、2级和3级试样；d~f：分别为铣削后1级、2级和3级试样；
g~j：分别为钻削后1级、2级、3级和4级试样；k~m：分别为榫加工后1级、2级和3级试样；
n~q：分别为车削后1级、2级、3级和4级试样。

图5-2　奥古曼除刨削外其他机械加工处理后试件表观形貌

表5-6　奥古曼机械加工性能综合评价

加工方式	刨削	砂削	铣削	钻削	开榫	车削
质量级别	4.27	2	4	4	5	5
综合评定	39.54					

5.3.2　鞋木

从表5-7所列结果可知，鞋木刨削加工性能测试中1级、1级+2级试样所占百分率有较大差别，试验结果表明随着进料速度的加快，缺陷程度变得严重，缺陷数量也在增加。在刨削进料速度19m/min时，在试件表面可以观察到缺陷程度非常严重，切削厚度1.6mm时缺陷等级3级以下试样所占百分率为53%；而在刨削进料速度8m/min时，切削厚度1.6mm时缺陷等级3级以下试样所占百分率仅为30%。在低刨削进料速度8m/min和9.5m/min下，缺陷等级1级试样所占百分率同为23%。由表5-8可以看出，按照5.3.1中同样的刨削加工性能评价计算方法，鞋木刨削质量等级值为 3.83，刨削加工性能属良好等级。

表 5-7　鞋木在不同刨削速度下 1 级、1 级+2 级试样所占百分率

刨削速度	1 级试样比率/%	1 级+2 级试样比/%
8m/min	23	70
9.5m/min	23	57
19m/min	13	47

表 5-8　鞋木在刨削速度 8m/min 条件下质量等级值

等级	1 级	2 级	3 级	4 级	5 级
百分率/%	23	47	20	10	0
质量等级值	3.83				

由表 5-9、图 5-3 可知，鞋木的机械加工中，除钻削和车削出现了 4 级的严重缺陷试件之外，砂削的试件达标率为 33%集中在 2 级，所以对鞋木进行砂削易产生轻微缺陷，但通过手工打磨可以除去。铣削的试样达标百分率为 100%，表明该木材铣削性能优异，不会产生大的缺陷。钻削达标百分率试件为 37%，表明其无缺陷试件或出现轻微缺陷的百分率仅为 37%。该等级试样钻削后，孔壁整洁，孔上圆周边无任何压溃、撕裂、毛刺等缺陷，孔下圆周边的加工质量虽不及上圆周边，但也仅存在一些轻微程度的毛刺和撕裂，假如试样与垫板尽可能地接触紧密，这些细微的毛刺和撕裂缺陷，是可以减少和消除的。鞋木木材经过钻削加工后，会出现不同程度的缺陷，出现严重的缺陷的百分率超 50%，这是不可忽视的。在钻削加工时，应尽可能地使工件与下衬垫板紧密接触，同时也要提高设备精度。试验结果表明，鞋木木材的开榫特性要远高于钻削特性，其试件达标百分率为 100%，虽会出现 13%的轻微缺陷，但可以通过砂纸打磨，消除该缺陷，综合评定鞋木具有优异的开榫加工特性。车削加工中，试样的达标百分率虽然达到了 80%，但仍然有 20%会产生严重缺陷，这是不可忽视的。

表 5-9　鞋木除刨削外其他机械加工性能各等级所占百分率　　　　　　　单位：%

加工方式	1 级	2 级	3 级	4 级	5 级	达标百分率
砂削	33	67	0	0	0	33
铣削	83	17	0	0	0	100
钻削	5	32	45	18	0	37
开榫	7	80	13	0	0	100
车削	7	33	40	20	0	80

从表 5-10 可知，鞋木机械加工性能综合评定值为 36.66，按照 LY/T 2054—2012 标准要求，评价值在 30~40 时综合机械加工性能为良好，该木材的综合加工性能是良好。

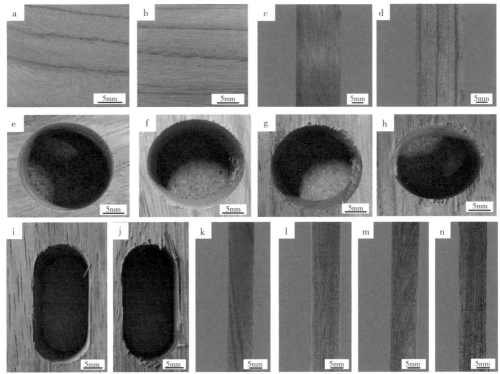

a~b：分别为砂削后 1 级和 2 级试样；c~d：分别为铣削后 1 级和 2 级试样；

e~h：分别为钻削后 1 级、2 级、3 级和 4 级试样；i~j：分别为榫加工后 1 级和 2 级试样；

k~n：分别为车削后 1 级、2 级、3 级和 4 级试样。

图 5-3　鞋木除刨削外其他机械加工处理后试件表观形貌

表 5-10　鞋木机械加工性能综合评价

加工方式	刨削	砂削	铣削	钻削	开榫	车削
质量级别	3.83	2	5	2	5	4
综合评定	36.66					

5.3.3　圆盘豆

从表 5-11 可知，进料速度对圆盘豆刨削质量具有显著的影响，随着进料速度由 9.5m/min 提高到 19m/min，刨削加工缺陷等级 3 级以下试件明显增加，缺陷程度越来越严重，试样的刨削加工质量明显下降。因此，对于圆盘豆而言，相同的切削厚度下低进料速度利于刨削加工质量，如进料速度 8m/min 和 9.5m/min 时，1 级 +2 级试样所占百分率同为 73%，而进料速度 19m/min 时，1 级 +2 级试样所占百分率为 53%。由表 5-12 可以看出，按照 5.3.1 中同样的刨削加工性能评价计算方法，圆盘豆刨削质量等级值为 3.73，其木材刨削加工性能属良好等级。

表 5-11　圆盘豆在不同刨削速度下 1 级、1 级+2 级试样百分率

刨削速度	1 级试样比率/%	1 级+2 级试样比/%
8m/min	20	73
9.5m/min	17	73
19m/min	17	53

表 5-12　圆盘豆在刨削速度 8m/min 条件下质量等级值

等级	1 级	2 级	3 级	4 级	5 级
百分率/%	20	53	13	7	7
质量等级值	3.73				

从表 5-13、图 5-4 可以看出，圆盘豆通过砂光可极好地消除刨削缺陷，砂削后的木材 1 级试件百分率出现明显的提升，表明在刨削后产生的轻微缺陷可以通过砂光后进行部分消除。但是，在砂光加工过程中，也会产生表面起毛的缺陷。在所有砂削加工试样中，无缺陷的试样（1 级试样）占比 37%，发生表面起毛的试样（2 级试样）占比 30%，同时也产生了占比 14% 的严重缺陷试样（4 级+5 级试样）。因此，可以认为圆盘豆的砂削加工性能比较差，若控制不好砂削条件会出现质量参差不齐的加工表面，从而引起了不必要工序或工时的增加。圆盘豆的铣削加工达标百分率为 87%，表明该木材具有良好的铣削加工性能；同样地，若控制不好铣削加工条件也会产生严重表面缺陷。圆盘豆进行钻削加工后，出现无缺陷的试样占比为 0；观察试样发现其孔四周有从轻微到严重不同程度的缺陷，而且是以严重缺陷为主，钻削加工达标率为 23%，可见圆盘豆的钻削加工性能较差。圆盘豆的开榫加工特性要远高于钻孔加工特性，开榫加工后其试件达标率为 100%，轻微缺陷等级试样占比 63%，试验中发现通过砂纸打磨可以消除这些轻微缺陷，综合评定圆盘豆具有优异的开榫加工性能。车削加工后试样达标百分率为 83%，无缺陷试件占比虽然为 0，但从试验过程中发现圆盘豆的车削加工性能整体良好。

表 5-13　圆盘豆除刨削外其他机械加工性能各等级所占百分率　　　　　单位：%

加工方式	1 级	2 级	3 级	4 级	5 级	达标百分率
砂削	37	30	33	7	7	37
铣削	57	30	13	0	0	87
钻削	0	23	50	27	0	23
开榫	20	63	17	0	0	100
车削	0	23	60	17	0	83

从表 5-14 可知，圆盘豆机械加工性能综合评定值为 33.46，按照 LY/T 2054—2012 标准要求，评价值在 30~40 时综合机械加工性能为良好，该木材的综合加工性能良好。

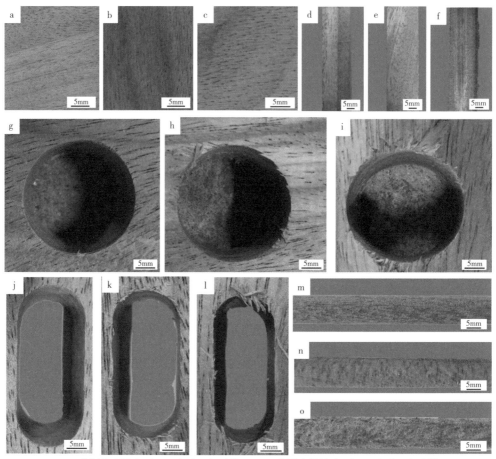

a~c：分别为砂削后 1 级、2 级和 3 级试样；d~f：分别为铣削后 1 级、2 级和 3 级试样；

g~i：分别为钻削后 2 级、3 级和 4 级试样；j~l：分别为榫加工后 1 级、2 级和 3 级试样；

m~o：分别为车削后 2 级、3 级和 4 级试样。

图 5-4　圆盘豆除刨削外其他机械加工处理后试件表观形貌

表 5-14　圆盘豆机械加工性能综合评价

加工方式	刨削	砂削	铣削	钻削	开榫	车削
质量级别	3.73	2	4	1	5	4
综合评定	33.46					

5.3.4　两蕊苏木

两蕊苏木进行刨削加工性能试验，在不同的刨削速度条件下 1 级、1 级+2 级试样所占百分率见表 5-15。从中可以看出，在相同的切削厚度下，进料速度对两蕊苏木刨削加工质量具有显著的影响。随着进料速度由 8m/min 提高到 19m/min，刨削加工后，3 级以下试样占比出现明显增加，缺陷严重程度显著增加，试样表面刨削加工质量明显下降；在

1.6mm 刨削厚度下、刨削速度为 8mm/min 时，1 级+2 级试样占比 100%，两蕊苏木刨削性能展现出最好的加工质量，无缺陷或轻微缺陷的试件最少。由表 5-16 可以看出，按照 5.3.1 中同样的刨削加工性能评价计算方法，两蕊苏木刨削质量等级值为 4.23，其木材刨削加工性能属优秀等级。

表 5-15　两蕊苏木在不同刨削速度下 1 级、1 级+2 级试样所占百分率

刨削速度	1 级试样比率/%	1 级+2 级试样比率/%
8m/min	23	100
9.5m/min	20	90
19m/min	10	57

表 5-16　两蕊苏木在刨削速度 8m/min 条件下质量等级值

等级	1 级	2 级	3 级	4 级	5 级
百分率/%	23	77	0	0	0
质量等级值	4.23				

由表 5-17、图 5-5 可知，对于两蕊苏木而言，相比于刨削加工性能 1 级试样的 23% 占比，砂削加工后性能 1 级的试件占比出现明显变大，表明在刨削后产生的轻微缺陷可以通过砂光后进行部分消除。砂削加工性能 1 级（无缺陷）的试件占比为 43%，出现轻微缺陷的试件占比为 47%。铣削加工后试样达标百分率为 87%，铣削加工性能 1 级（无缺陷）的试样占比为 74%。钻削加工后试样达标百分率为 53%，试验中发现出现的问题主要集中在轻微缺陷出现，钻削加工后无缺陷试件占比为 0；因此，需要选择合理的钻削工艺及设备来保证钻削中产生较少加工缺陷。开榫加工后，没有发现性能 1 级的试件，全部被评价为 2 级和 3 级，说明两蕊苏木在开榫加工过程中易产生毛刺等轻度缺陷，但开榫加工达标百分率为 100%，可以认为开榫质量优异，通过观察发现试件榫眼上边缘平整干净，缺陷都产生在榫眼下边缘。车削加工后达标百分率为 100%，观察车削加工后试件的缺陷都是轻微的，可以认为两蕊苏木在车削加工时很容易产生轻度缺陷，但整体车削加工性能优异。

表 5-17　两蕊苏木除刨削外其他机械加工性能各等级所占百分率　　　　单位：%

加工方式	1 级	2 级	3 级	4 级	5 级	达标百分率
砂削	43	47	10	0	0	43
铣削	74	13	13	0	0	87
钻削	0	53	40	7	0	53
开榫	0	37	63	0	0	100
车削	17	43	40	0	0	100

从表 5-18 可知，两蕊苏木机械加工性能综合评定值为 38.46，按照 LY/T 2054—2012 标准要求，评价值在 30~40 时综合机械加工性能为良好，表明两蕊苏木木材的综合加工性能接近优异。

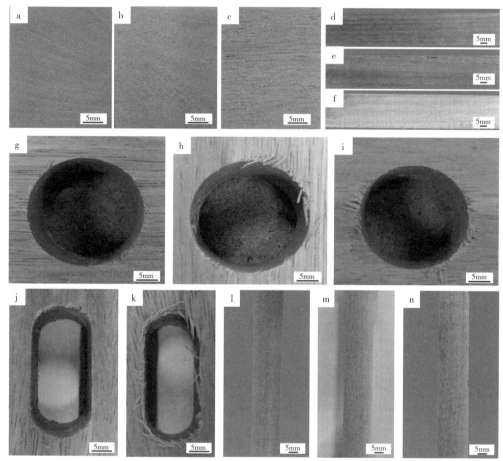

a~c：分别为砂削后 1 级、2 级和 3 级试样；d~f：分别为铣削后 1 级、2 级和 3 级试样；

g~i：分别为钻削后 2 级、3 级和 4 级试样；j~k：分别为榫加工后 2 级和 3 级试样；

l~n：分别为车削后 2 级、3 级和 4 级试样。

图 5-5　两蕊苏木除刨削外其他机械加工处理后试件表观形貌

表 5-18　两蕊苏木机械加工性能综合评价

加工方式	刨削	砂削	铣削	钻削	开榫	车削
质量级别	4.23	2	4	3	5	5
综合评定	38.46					

5.3.5　象牙海岸格木

由表 5-19 可知，象牙海岸格木在试验设定条件下进行刨削加工，刨削性能 1 级、1 级 +2 级试样所占百分率。由此表可以得出，随着进料速度的增加，刨削加工性能 3 级以下试件占比明显增加，刨削加工而导致缺陷的严重程度显著增加，试样的刨削加工质量明显下降，据此可以认为，在相同的切削厚度下，刨削进料速度对象牙海岸格木刨削质量具有显著的影响。在 1.6mm 刨削厚度下、刨削速度 8mm/min 时，1 级＋2 级试样占比为 90%，因此，在该条件下象牙海岸格木的刨削性能是最好的。由表 5-20 可以看出，按照 5.3.1 中同样的刨削加工性能评价计算方法，象牙海岸格木刨削质量等级值为 4.33，刨削加工性能属优秀等级。

表 5-19　象牙海岸格木在不同刨削速度下 1 级、1 级＋2 级试样所占百分率

刨削速度	1 级试样比率/%	1 级+2 级试样比率/%
8mm/min	47	90
9.5m/min	33	80
19m/min	13	70

表 5-20　象牙海岸格木在刨削速度 8m/min 条件下质量等级值

等级	1 级	2 级	3 级	4 级	5 级
百分率/%	47	43	7	7	0
质量等级值	4.33				

由表 5-21、图 5-6 可知，象牙海岸格木的机械加工中仅钻削和开榫加工出现了 4 级，即钻削和开榫加工后试件出现了通过打磨难以去除的缺陷；除刨削外其他机械加工性能评价为 5 级（发生严重缺陷）的试件未见到。进行砂削加工后，试件达标百分率为 80%，会有 20% 的试件产生轻微缺陷，绝大多数试件无缺陷；对于象牙海岸格木来说，进行砂削加工易产生无缺陷或有轻微缺陷的试件，即使出现缺陷，试件都是可以通过手工打磨去除，因此认为该木材的砂削加工性能良好。铣削加工后试样达标百分率为 80%，其中无缺陷和产生轻微缺陷的试件占比相同，在进行铣削加工时应该提高设备精度或采用合理加工工艺，可以减少铣削加工产生的缺陷。钻削加工后试件达标百分率为 48%，其中试件出现轻微缺陷的百分率占总达标百分率最高，观察这些钻削加工后的试样，钻孔壁或钻孔上下圆周边易产生撕裂、毛刺等缺陷；试验中还发现占比 13% 的钻削加工试件产生了通过打磨难以去除的缺陷。象牙海岸格木进行开榫加工后性能 1 级（无缺陷）试件占比为 17%，性能 2 级（产生轻微缺陷）试件占比为 70%，总达标百分率为 97%，可以认为象牙海岸格木的开榫加工质量优异。经过车削加工后，试件的达标百分率为 100%，表明该木材具有优异的车削加工性能。

表 5-21　象牙海岸格木除刨削外其他机械加工性能各等级所占百分率　　单位：%

加工方式	1 级	2 级	3 级	4 级	5 级	达标百分率
砂削	80	20	0	0	0	80
铣削	40	40	20	0	0	80
钻削	3	45	38	13	0	48
开榫	17	70	10	3	0	97
车削	20	67	13	0	0	100

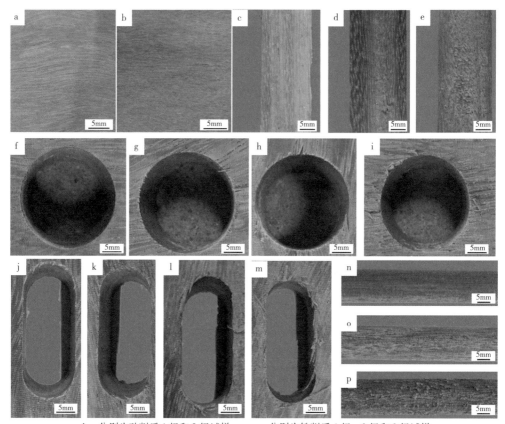

a~b：分别为砂削后 1 级和 2 级试样；c~e：分别为铣削后 1 级、2 级和 3 级试样；

f~i：分别为钻削后 1 级、2 级、3 级和 4 级试样；j~m：分别为榫加工后 1 级、2 级、3 级和 4 级试样；

n~p：分别为车削后 1 级、2 级和 3 级试样。

图 5-6　象牙海岸格木除刨削外其他机械加工处理后试件表观形貌

从表 5-22 可知，象牙海岸格木机械加工性能综合评定值为 41.66，按照 LY/T 2054—2012 标准要求，评价值在 40~50 时综合机械加工性能为优秀，表明象牙海岸格木的综合加工性能优异。

表 5-22　象牙海岸格木机械加工性能综合评价

加工方式	刨削	砂削	铣削	钻削	开榫	车削
质量级别	4.33	4	4	2	5	5
综合评定	41.66					

5.3.6　翼红铁木

表 5-23 所示结果表明，在相同的切削厚度下，刨削加工进料速度对翼红铁木木材刨削质量具有显著的影响。刨削进料速度由 8m/min 调整到 9m/min，刨削加工性能 1 级试件

占比显著降低，即无缺陷试件占比降低，表明因刨削加工而致缺陷的程度显著增加；在 1.6mm 刨削厚度下、刨削速度为 8m/min 时，1 级+2 级试样占比为 100%，翼红铁木的刨削加工性能是最优异的。由表 5-24 可以看出，按照 5.3.1 中同样的刨削加工性能评价计算方法，翼红铁木刨削质量等级值为 4.60，其木材刨削加工性能属优秀等级。

表 5-23 翼红铁木木材在不同刨削速度下 1 级、1 级+2 级试样所占百分率

刨削速度	1 级试样比率/%	1 级+2 级试样比率/%
8m/min	60	100
9.5m/min	43	90
19m/min	27	77

表 5-24 翼红铁木在刨削速度 8m/min 条件下质量等级值

等级	1 级	2 级	3 级	4 级	5 级
百分率/%	60	40	0	0	0
质量等级值	4.60				

通过表 5-24 和表 5-25 对比，以及图 5-7 发现，翼红铁木砂削加工后的 1 级试件占比出现明显的提升，表明在刨削加工后产生的轻微缺陷可以通过砂光加工进行部分消除。翼红铁木的砂削加工性能 1 级占比为 90%、最高，因砂削加工产生的轻微缺陷试件占比为 10%，图 5-7 显示这些缺陷可通过打磨去除，因此认为翼红铁木砂削加工性能优异。铣削加工后试样达标百分率为 100%，铣削加工处理后不会产生明显缺陷。钻削加工后试样达标百分率为 50%，试验中发现出现轻微缺陷和无缺陷试件较少，因此，在钻削加工时应控制好工艺条件，可以提高钻削加工达标百分率。开榫加工性能 2 级（轻微缺陷试件）占比最大，无缺陷试件占比次之，但开榫加工试样达标百分率为 97%，整体考量翼红铁木木材开榫加工质量为优异；从图 5-7 观察发现，榫眼上边缘平整干净，缺陷都产生在榫眼下边缘，用手工打磨可以去除这些缺陷。车削加工后试样达标百分率为 100%，翼红铁木车削加工后大都产生轻微缺陷，但整体车削加工性能还是处于优秀等级。

表 5-25 翼红铁木木材除刨削外其他机械加工性能各等级所占百分率　　　　单位：%

加工方式	1 级	2 级	3 级	4 级	5 级	达标百分率
砂削	90	10	0	0	0	90
铣削	87	13	0	0	0	100
钻削	7	43	45	5	0	50
开榫	17	73	7	3	0	97
车削	17	35	33	10	0	100

从表 5-26 可知，象牙海岸格木机械加工性能综合评定值为 46.20，按照 LY/T 2054—2012 标准要求，评价值在 40~50 时综合机械加工性能为优秀，表明象牙海岸格木的综合加工性能优异。

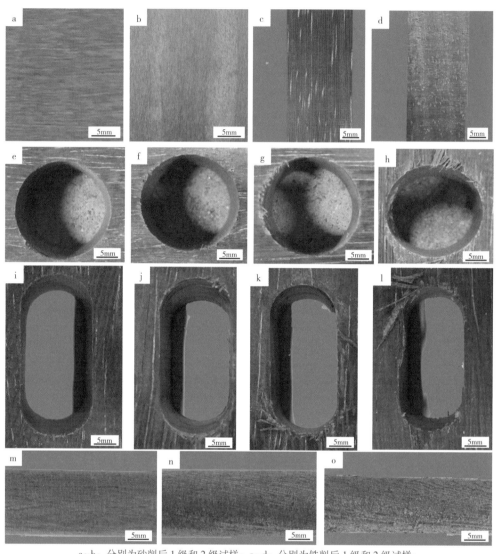

a~b：分别为砂削后1级和2级试样；c~d：分别为铣削后1级和2级试样；

e~h：分别为钻削后1级、2级、3级和4级试样；i~l：分别为榫加工后1级、2级、3级和4级试样；

m~o：分别为车削后1级、2级和3级试样。

图5-7 翼红铁木除刨削外其他机械加工处理后试件表观形貌

表5-26 翼红铁木木材机械加工性能综合评价

加工方式	刨削	砂削	铣削	钻削	开榫	车削
质量级别	4.60	5	5	2	5	5
综合评定	46.20					

5.3.7 单瓣豆

表5-27所示结果表明，单瓣豆在进行刨削加工性能评测试验，刨削加工进料速度由

8m/min 调整到 19m/min 时，刨削加工性能 3 级以下出现明显增加，因刨削加工产生缺陷的严重程度显著增加；所以，为了保证单瓣豆进行刨削的加工质量，在合理的切削厚度下，刨削加工进料速度应较低。在 1.6mm 刨削厚度下、刨削速度为 8mm/min 时，1 级+2 级试样占比为 87%，在该加工条件下，单瓣豆的刨削加工质量最好。由表 5-28 可以看出，按照 5.3.1 中同样的刨削加工性能评价计算方法，单瓣豆刨削质量等级值为 4.33，该木材刨削加工性能属优秀等级。

表 5-27 单瓣豆在不同刨削速度下 1 级、1 级+2 级试样比率

刨削速度	1 级试样比率/%	1 级+2 级试样比率/%
8m/min	47	87
9.5m/min	33	73
19m/min	27	57

表 5-28 单瓣豆在刨削速度 8m/min 条件下质量等级值

等级	1 级	2 级	3 级	4 级	5 级
百分率/%	47	40	13	0	0
质量等级值	4.33				

从表 5-29 和图 5-8 可以看出，单瓣豆机械加工中除了砂削和榫加工，其余加工方式都出现了性能 4 级(通过打磨难以去除的缺陷)，未发生因机械加工而产生性能 5 级(严重缺陷)。砂削加工后试件达标百分率为 60%，会有 30% 占比试件产生了轻微缺陷，试验发现，这些试件因砂削产生的轻微缺陷通过手工打磨可以去除。铣削加工后试样达标百分率为 83%，无缺陷试件占比最高，产生轻微缺陷试件占比次之。钻削加工后试件达标百分率为 50%，出现轻微缺陷的试件占比最高，观察发现钻削加工后，2 级试样孔壁或孔上下圆周边易产生撕裂、毛刺等缺陷，还存在 10% 试件上的缺陷难以通过打磨去除，且需要增加其他额外工序。对单瓣豆进行开榫加工等级评测，1 级(无缺陷)试件占比 13%，2 级(产生轻微缺陷)试件占比 73%，总达标百分率为 100%，表明整体开榫加工质量优异。车削加工中试件的达标百分率为 80%，表明该木材的车削性能良好。

表 5-29 单瓣豆除刨削外其他机械加工性能各等级所占百分率 单位：%

加工方式	1 级	2 级	3 级	4 级	5 级	达标百分率
砂削	60	30	10	0	0	60
铣削	67	16	10	7	0	83
钻削	3	47	40	10	0	50
开榫	13	73	14	0	0	100
车削	3	17	60	20	0	80

a~b：分别为砂削后 1 级和 2 级试样；c~f：分别为铣削后 1 级、2 级、3 级和 4 级试样；

g~j：分别为钻削后 1 级、2 级、3 级和 4 级试样；k~m：分别为榫加工后 1 级、2 级和 3 级试样；

n~p：分别为车削后 1 级、2 级和 3 级试样。

图 5-8　单瓣豆除刨削外其他机械加工处理后试件表观形貌

从表 5-30 可知，单瓣豆机械加工性能综合评定值为 38.66，按照 LY/T 2054—2012 标准要求，评价值在 30~40 时综合机械加工性能为良好，表明象牙海岸格木的综合加工性能接近良好。

表 5-30　单瓣豆机械加工性能综合评价

加工方式	刨削	砂削	铣削	钻削	开榫	车削
质量级别	4.33	3	4	3	5	4
综合评定	38.66					

5.3.8　腺瘤豆

从表 5-31 可知，在试验中腺瘤豆进行刨削加工而去除相同厚度，刨削进料速度对腺瘤豆木材刨削后的表面质量具有一定影响。刨削进料速度 8m/min 和 9.5m/min 时，无缺陷试件的占比是相同的，但进料速度调整到 19m/min，刨削加工而致表面出现轻微缺陷，1 级+2 级试样占比下降。在 1.6mm 刨削厚度下、刨削速度为 8mm/min 时，1 级+2 级试样占比为 90%，可以认为在该刨削加工条件下，腺瘤豆的刨削加工后表面质量最好。由表 5-32 可以看出，按照 5.3.1 中同样的刨削加工性能评价计算方法，腺瘤豆刨削质量等级值为 4.17，该木材刨削加工性能属优秀等级。

表 5-31 腺瘤豆在不同刨削速度下 1 级、1 级+2 级试样比率

刨削速度	1 级试样比率/%	1 级+2 级试样比率/%
8m/min	27	90
9.5m/min	27	77
19m/min	20	70

表 5-32 腺瘤豆在刨削速度 8m/min 条件下质量等级值

等级	1 级	2 级	3 级	4 级	5 级
百分率/%	27	63	10	0	0
质量等级值	4.17				

由表 5-33 和图 5-9 可知，腺瘤豆通过砂光加工可极好地消除刨削而致的缺陷，砂削加工后 1 级试件占比出现明显的提升，可以判断腺瘤豆在刨削加工后产生的轻微缺陷，通过砂光后进行部分消除。腺瘤豆的砂削加工性能 1 级占比为 67%，产生的无缺陷的试件较多，因砂削加工出现轻微缺陷也可通过打磨去除，整体来说，腺瘤豆的砂削加工性能良好。铣削加工后试样达标百分率为 97%，腺瘤豆铣削加工性能优异，不会产生较多缺陷。钻削加工后试件达标百分率为 66%，出现轻微缺陷试件较多，无缺陷试件较少，腺瘤豆在进行钻削加工时应控制好钻削工艺条件。腺瘤豆开榫加工 2 级的试件占比最多，1 级的试件次之，但开榫达标百分率为 100%，故可认为开榫加工质量优异；通过观察开榫加工试件发现，榫眼上边缘平整干净，缺陷都产生在榫眼下边缘，榫眼边缘的这些缺陷都可通过手工打磨除掉。车削加工后试件达标百分率为 73%，试件出现轻微缺陷的占比大，表示腺瘤豆在车削工时很容易产生轻度缺陷。

表 5-33 腺瘤豆木材除刨削外其他机械加工性能各等级所占百分率 单位：%

加工方式	1 级	2 级	3 级	4 级	5 级	达标百分率
砂削	67	23	10	0	0	67
铣削	47	50	3	0	0	97
钻削	3	63	32	2	0	66
开榫	27	67	7	0	0	100
车削	3	20	50	27	0	73

从表 5-34 可知，腺瘤豆机械加工性能综合评定值为 40.34，按照 LY/T 2054—2012 标准要求，评价值在 40～50 时综合机械加工性能为优秀，表明象牙海岸格木的综合加工性能优异。

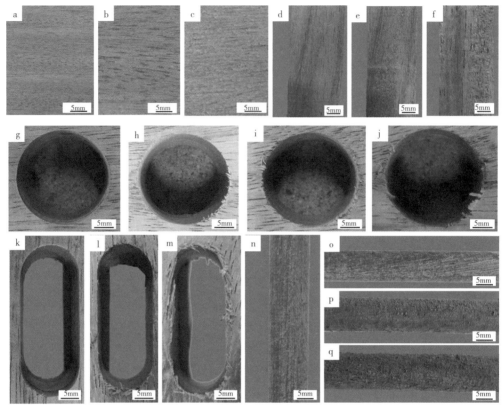

a~c：分别为砂削后1级、2级和3级试样；d~f：分别为铣削后1级、2级和3级试样；

g~j：分别为钻削后1级、2级、3级和4级试样；k~m：分别为榫加工后1级、2级和3级试样；

n~q：分别为车削后1级、2级、3级和4级试样。

图 5-9　腺瘤豆除刨削外其他机械加工处理后试件表观形貌

表 5-34　腺瘤豆机械加工性能综合评价

加工方式	刨削	砂削	铣削	钻削	开榫	车削
质量级别	4.17	3	5	3	5	4
综合评定	40.34					

5.3.9　非洲紫檀

从表 5-35 可知，非洲紫檀进行刨削加工试验时，相同的切削厚度下，刨削加工进料速度对非洲紫檀木材刨削质量具有显著的影响。随着进料速度增加，刨削等级 3 级以下试件占比明显增加，缺陷的严重程度显著增加；刨削速度由 8m/min 增加到 9.5m/min 和 19m/min 时，无缺陷试件占比明显降低，使得试件表面产生缺陷的风险增加。在刨削厚度 1.6mm、刨削速度为 8mm/min 时，1 级+2 级试样占比为 90%，故认为在该条件下，非洲紫檀具有优异的刨削性能。由表 5-36 可以看出，按照 5.3.1 中同样的刨削加工性能评价计算方法，非洲紫檀刨削质量等级值为 4.40，该木材刨削加工性能属优秀等级。

表 5-35　非洲紫檀在不同刨削速度下 1 级、1 级+2 级试样所占百分率

刨削速度	1 级试样比率/%	1 级+2 级试样比率/%
8m/min	50	90
9.5m/min	30	77
19m/min	23	67

表 5-36　非洲紫檀在刨削速度 8m/min 条件下质量等级值

等级	1 级	2 级	3 级	4 级	5 级
百分率/%	50	40	10	0	0
质量等级值	4.40				

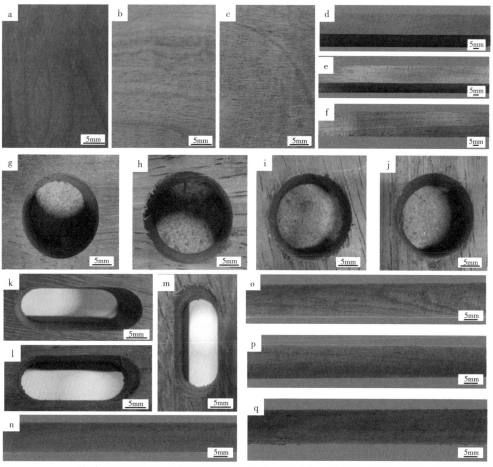

a~c：分别为砂削后 1 级、2 级和 3 级试样；d~f：分别为铣削后 1 级、2 级和 3 级试样；

g~j：分别为钻削后 1 级、2 级、3 级和 4 级试样；k~m：分别为榫加工后 1 级、2 级和 3 级试样；

n~q：分别为车削后 1 级、2 级、3 级和 4 级试样。

图 5-10　非洲紫檀除刨削外其他机械加工处理后试件表观形貌

由表 5-37 和图 5-10 可知，非洲紫檀的机械加工中除钻削和车削出现了 4 级（不可通过打磨去除缺陷）的试件之处，非洲紫檀机械加工中无 5 级（严重缺陷）试件，砂削的试件达标百分率为 63%，会有 30% 的产生轻微缺陷，对非洲紫檀进行砂削易产生无缺陷或有轻微缺陷的试件，但通过手工打磨可以除去。铣削加工后试样达标百分率为 97%，基本可认为该木材铣削性能优异，不会产生明显的缺陷。钻削加工后试件达标百分率为 75%，表明因钻削加工而致的无缺陷和出现轻微缺陷占比较高，钻削加工后处于该等级的试样，孔壁整洁，孔上圆周边无任何压溃、撕裂、毛刺等缺陷，但仍然会存在 3% 的试件不能通过打磨去除缺陷；试验中尝试试样与垫板尽可能地接触紧密，毛刺和撕裂缺陷可以有效减少。对非洲紫檀进行开榫加工性能评价为 1 级（无缺陷试件）占比 37%，2 级（产生轻微缺陷）的试件占比 53%，总达标百分率为 100%，表明开榫加工质量优异。车削加工后试件达标百分率为 100%，表明该木材的车削性能优异。

表 5-37　非洲紫檀除刨削外其他机械加工性能各等级所占百分率　　　　单位：%

加工方式	1 级	2 级	3 级	4 级	5 级	达标百分率
砂削	63	30	7	0	0	63
铣削	63	34	3	0	0	97
钻削	25	50	22	3	0	75
开榫	37	53	10	0	0	100
车削	10	37	43	10	0	100

从表 5-38 可知，非洲紫檀机械加工性能综合评定值为 43.80，按照 LY/T 2054—2012 标准要求，评价值在 40~50 时综合机械加工性能为优秀，表明象牙海岸格木的综合加工性能优异。

表 5-38　非洲紫檀机械加工性能综合评价

加工方式	刨削	砂削	铣削	钻削	开榫	车削
质量级别	4.40	3	5	4	5	5
综合评定	43.80					

5.3.10　9 种非洲木材机械加工性能综合分析

对 9 种典型非洲木材主要机械加工性能进行系统性分析，不同树种木材的刨削、砂削、铣削、钻孔、开榫和车削 6 项机械加工性能都具有各自特点。对于试验中评价分析的机械加工性能指标，刨削和砂削加工工序对原材料利用率、工时工效、生产成本等方面影响很大，除了对工艺参数进行分析外，刨削和砂削加工后木材表面微观形状特征和不平度重要表观指标，即表面粗糙度[13-14]。

木材刨削后的表面粗糙度一定程度上能够反映刨削加工质量的高低。9 种木材在相同的刨削深度下、经过 3 种刨削加工速度处理后的表面粗糙度见表 5-39。从表 5-39 可以看出，3 种刨削加工速度下选定的不同木材试件表面粗糙度没有很大差别，即刨削进料速度对 9 种木材的表面粗糙度没有显著影响。然而，9 种木材早晚材处表面粗糙度差异很大，且早材粗糙度大于晚材，因为木材早晚材密度、结构、力学等差异明显，通常情况下早材带细胞分裂速度快，细胞壁薄，材质较松软，刨削加工易造成撕扯，表面粗糙度大；而晚材细胞分裂速度缓慢，形成的细胞腔小、壁厚，且有些树种木材抽提物堆积在晚材更多，材质致密，刨削加工时刨刀易快速割断细胞组织，不易产生毛刺和勾痕，表面平整度好，表面粗糙度小。在进行刨削加工时，圆盘豆、鞋木两种木材刨削质量最差，翼红铁木和非洲紫檀两种木材刨削质量最好。试验还发现，象牙海岸格木、单瓣豆、腺瘤豆、非洲紫檀、翼红铁木刨削加工后缺陷主要以削片压痕、凹凸纹为主，奥古曼、圆盘豆、鞋木、两蕊苏木木材更容易产生毛刺和毛刺沟痕。

表 5-39 9 种非洲木材刨削加工后表面粗糙度值 Ra   单位：μm

树种	速度 1		速度 2		速度 3	
	早材	晚材	早材	晚材	早材	晚材
奥古曼	3.57(1.02)	1.53(0.30)	2.47(0.79)	1.14(0.22)	4.35(0.89)	2.08(0.42)
鞋木	3.42(0.87)	1.39(0.47)	3.06(1.09)	1.22(0.22)	4.07(1.36)	1.75(0.46)
圆盘豆	4.03(1.13)	2.03(0.62)	3.08(0.76)	1.67(0.43)	4.23(1.12)	1.85(0.50)
两蕊苏木	4.00(0.90)	1.67(0.36)	3.13(1.15)	1.25(0.21)	3.61(1.16)	1.73(0.33)
象牙海岸格木	4.95(1.58)	1.50(0.42)	2.91(0.71)	1.11(0.26)	4.55(1.00)	1.76(0.51)
翼红铁木	2.98(1.22)	1.29(0.32)	1.90(0.40)	0.99(0.19)	3.02(0.92)	1.25(0.38)
单瓣豆	3.65(1.15)	1.85(0.50)	3.32(1.25)	1.74(0.42)	4.26(1.16)	2.14(0.52)
腺瘤豆	3.22(1.25)	1.60(0.35)	3.09(1.15)	1.82(0.28)	3.98(1.08)	2.07(0.39)
非洲紫檀	3.94(0.82)	1.43(0.36)	3.49(1.22)	1.08(0.26)	4.85(1.07)	2.02(0.53)

注：速度 1、速度 2、速度 3 分别表示刨削进料速度为 8m/min、9.5m/min 和 19m/min，括号内为标准差。

砂削加工是确定木材表面质量的一道重要工序，是对刨削加工后木材表面质量的很好补充，同样，砂削加工后木材表面粗糙度可以反映砂削质量的好坏[15-16]。试验选定的 9 种木材砂削加工后的表面粗糙度测量结果见表 5-40。对比刨削加工后木材表面粗糙度情况，经过砂削加工后的表面粗糙度都有明显降低，砂削加工可以明显改善木材表面光滑度，有利于后续涂饰加工工序。与刨削加工类似，晚材部分木材表面粗糙度明显低于早材，早材部分木材表面粗糙度约为晚材的 2 倍左右。比较 9 种木材砂削加工质量情况，奥古曼和圆盘豆经过砂削加工后，有些表面出现毛刺、沟痕等严重缺陷，象牙海岸格木、翼红铁木、鞋木在砂削加工中，试件较容易产生轻微缺陷，翼红铁木、非洲紫檀经过砂削加工后，大部分试件表面光洁、平整。

表 5-40　9 种非洲木材砂削加工后表面粗糙度值 Ra　　　　　　单位：μm

树种	早材		晚材	
	平均值	标准差	平均值	标准差
象牙海岸格木	2.52	0.78	1.15	0.41
单瓣豆	2.93	0.72	1.69	0.36
两蕊苏木	2.58	0.56	1.41	0.24
鞋木	2.98	0.81	1.40	0.25
腺瘤豆	3.08	0.74	1.78	0.33
圆盘豆	2.77	0.65	1.58	0.29
奥古曼	2.64	0.61	1.63	0.28
非洲紫檀	2.64	0.81	1.34	0.28
翼红铁木	2.32	0.55	1.17	0.32

　　9 种木材铣削加工试验后，翼红铁木和鞋木两种木材不容易产生缺陷，表面最多只有削片压痕等，是容易通过 120 目砂纸轻磨去除的缺陷。单瓣豆铣削加工时试件表面产生了凹凸纹、毛刺等较严重缺陷；相比之下，象牙海岸格木和奥古曼经铣削加工试件表面缺陷稍微好些，但铣削性能也应归为较差类。因此，上述 3 种木材在铣削加工时，应注意降低进料速度，以提高其铣削加工质量。其他几种木材从经过铣削加工后的试件表面观察，没有出现无任何加工缺陷情况，但是出现的铣削加工缺陷都可以通过 120 目砂纸打磨去除。

　　分析 9 种木材钻削加工性能结果，选取的测试树种木材在加工后均未产生无法去除的毛刺、毛刺沟痕等严重缺陷，也没有无任何加工缺陷的试件；在发生缺陷的试件中，钻削加工产生的缺陷常常位于孔的下边缘，而且上边缘的加工质量要比下边缘较好，这是因为钻削加工时刀头出试样会产生较大的作用力，而纤维等细胞垂直方向反作用力也大，导致孔下边缘易产生毛刺或撕裂现象。总体而言，钻削加工性能较好的木材是奥古曼和非洲紫檀，圆盘豆、鞋木、象牙海岸格木 3 种木材钻削加工性能较差。

　　从 9 种木材开榫加工性能的试验结果看，所有被测木材在开榫加工时很容易产生轻度缺陷。非洲紫檀、腺瘤豆两种木材在开榫加工后无缺陷的试件占比最多，鞋木、两蕊苏木两种木材在开榫加工后榫头和榫眼表观质量较差，开榫加工过程中易产生毛刺等轻度缺陷；然而，9 种木材开榫加工后的试件，其榫眼上边缘平整干净，缺陷都产生在榫眼下边缘，和钻削加工时现象一样。

　　从 9 种木材车削加工性能分级结果看，奥古曼、象牙海岸格木、翼红铁木、两蕊苏木车削加工达标百分率均达到 100%，车削质量最好。经过车削加工所有测试木材试件中，车削加工 1 级试件占比均在 20% 以下，2 级、3 级试件占比达 80%；被测试木材在车削过程中，刀具进给方向与纤维方向垂直，切割纤维易产生轻微的毛刺和毛刺沟痕等缺陷，但降低铣削加工进料速度可以减少缺陷的产生。经过测试还发现，在车削过程中产生的毛刺或纤维撕裂等缺陷可通过手工打磨去除。

按照标准 LY/T 2054—2012《锯材机械加工性能评价方法》对 9 种典型非洲木材机械加工性能进行综合评价，由好到差依次为：翼红铁木、非洲紫檀、象牙海岸格木、腺瘤豆、奥古曼、单瓣豆、两蕊苏木、鞋木、圆盘豆。其中，翼红铁木、非洲紫檀、象牙海岸格木、腺瘤豆 4 种木材综合评价值都在 40 以上，根据标准要求，此 4 种木材加工性能综合评价为优秀。结合此 9 种木材的木材微观特征、密度等材性，密度偏大的木材，显微镜下观察其结构致密；而这一类木材在机械加工时易磨损刀具，加工后板材表观质量良好，不容易产生表面缺陷。在机械加工性能测试的试验过程中，还发现材质均匀、纹理直的木材，在加工时更容易得到平整光滑的表面。锯材机械加工性能综合评价是基于测试木材经过刨削、砂削、钻削、铣削、开榫、车削 6 种加工方式进行，即使有的木材某些加工方式易于生产，但是另外的一些加工方式生产时试件表观质量差，综合评价后认为是加工性能不好。例如圆盘豆，其木材开榫和车削加工性能良好，但由于其刨削和钻削加工性能较差，其综合加工性能评价仍为较差。

5.4 本章小结

木材机械加工性能测试结果表明，翼红铁木（46.20）、非洲紫檀（43.80）、象牙海岸格木（41.66）、腺瘤豆（40.34）4 种木材加工性能综合评价值均在 40 以上，加工性能为优秀；圆盘豆（33.46）、鞋木（36.66）、两蕊苏木（38.46）3 种木材综合加工性能较差。

从单项加工性能测试结果来看，刨削时随着进料速度增加，刨削试件质量明显降低，鞋木和圆盘豆刨削加工性能较差，在实际生产中，对这两种木材刨削时应适当减小进料速度和刨削厚度，同时增加刨削次数，以达到较好的刨削质量。鞋木、圆盘豆、奥古曼 3 种木材的砂削性能较差，在实际生产中，应采取先粗砂、后细砂的原则，适当减少砂削时进料速度，且一次砂削厚度不宜过大，以达到良好的砂削质量。铣削加工中，鞋木、翼红铁木只产生了 1 级和 2 级试件，木材铣削过程只有轻微缺陷，铣削性能好；单瓣豆、象牙海岸格木、奥古曼铣削性能略差。

钻削和开榫加工后的试件主要集中于 2 级和 3 级，1 级（无缺陷）试件少，钻削和开榫过程中，刀具横向切割纤维易产生毛刺和毛刺沟痕等缺陷，钻削性能最好的是非洲紫檀和奥古曼，圆盘豆、鞋木、象牙海岸格木钻削达标百分率均低于 50%，钻削性能较差。非洲紫檀、腺瘤豆的 1 级（无缺陷）试件最多，开榫质量好，鞋木、两蕊苏木开榫质量较差。同时，在钻削和开榫加工过程中，加工缺陷主要产生在孔的下边缘，在木材下面应放置垫板，并保证试件和垫板紧密接触，可减少钻削和开榫的加工缺陷。

参考文献

[1]刘学锋，黄腾华，陈少雄，等.6 种桉树大径材机械加工性能评价[J].桉树科技，2019，36（3）：8-15.

［2］全国木材标准化技术委员会. 锯材机械加工性能评价方法：LY/T 2054-2012［S］. 北京：中国标准出版社，2012：2.

［3］侯新毅. 三种桉树木材的机械加工和透明涂饰性能研究［D］. 北京：北京林业大学，2004.

［4］侯新毅，姜笑梅，殷亚方. 窿缘桉木材刨削和砂光后的微观破坏形式［J］. 木材工业，2010，24(5)：8-10.

［5］张中佳，孟庆午. 木材表面粗糙度测量技术［J］. 木工机床，2009，4(3)：40-43.

［6］Korkut D S，Guller B. The effects of heat treatment on physical properties and surface roughness of red-bud maple (Acer trautvetteri Medw.) wood［J］. Bioresource Technology，2008，99(8)：2846-2851.

［7］谢雪霞. 我国 12 种人工林木材机械加工性能研究［D］. 北京：中国林业科学研究院，2014.

［8］陶颖. 八角木材加工性能的研究［D］. 南宁：广西大学，2016.

［9］Akbulut T，Ayrilmis N. Effect of Compression Wood on Surface Roughness and Surface Absorption of Medium Density Fiberboard［J］. Silva Fennica，2006，40(1)：161-167.

［10］Suleyman K，Budakci M. The effects of high-temperature heat-treatment on physical properties and surface roughness of rowan (Sorbus aucuparial.) wood［J］. Wood Research，2010，55(1)：67-78.

［11］Garland H. A Microscopic Study of Coniferous Wood in Relation to Its Strength Properties［J］. Pulp and Paper Canada-Ontario，1939，107(4)：39-41.

［12］吴向文，赵智强，王喜明，等. 竹柳材物理力学性能及其变异的研究［J］. 木材加工机械，2016，27(2)：33-36.

［13］曹欢玲. 木材切削表面粗糙度测试技术的研究［D］. 杭州：浙江工业大学，2012.

［14］Korkut D S，Guller B. The effects of heat treatment on physical properties and surface roughness of red-bud maple (Acer trautvetteri Medw.) wood［J］. Bioresource Technology，2008，99(8)：2846-2851.

［15］Akbulut T，Ayrilmis N. Effect of Compression Wood on Surface Roughness and Surface Absorption of Medium Density Fiberboard［J］. Silva Fennica，2006，40(1)：161-167.

［16］Suleyman K，Budakci M. The effects of high-temperature heat-treatment on physical properties and surface roughness of rowan (Sorbus aucuparial.) wood［J］. Wood Research，2010，55(1)：67-78.

典型非洲木材涂饰性能 **6**

6.1 引言

木材涂饰是用涂料涂饰木制品，在其表面形成一层附着牢固的装饰保护涂膜[1]，在一定程度上可以防止木材及染色木材的劣化，减少木材因吸湿及水分移动导致的干缩湿胀，保持尺寸稳定性，延长木制品的使用寿命[2]。根据木材表面木纹显现效果的不同，主要可分为开放效果、半开放效果及封闭效果，近年来，从涂装木器产品市场接受度来看，开放性涂饰越来越受国人的欢迎。开放性涂饰是一种完全显露木材表面管孔的涂饰工艺，如非洲紫檀的开放涂装效果，表现为木孔明显，颜色鲜艳，纹理更清晰，油漆涂布量小，自然质感更强。开放性涂饰效果不仅可以保留和展示木材的花纹与色泽，赋予木制品更好的美学价值[3]。然而，木材具有各向异性、表面因微观特性差异大、抽提物含量差别等影响涂装的因素，不同材种的木材涂饰性能不一样，涂膜质量也有区别[4-6]。选取 9 种典型非洲木材，采用聚氨酯树脂漆（PU）、水性漆（WB）两种涂料进行不同效果涂装，按照国家标准检测木器表面涂饰质量，综合评价典型非洲木材的涂饰性能。

6.2 试验材料与方法

6.2.1 试验材料

选取 3.2.1 中含水率调控在 12% 左右的 9 种非洲木材弦切板，每种木材加工出 300mm×150mm×20mm（纵×弦×径）试件至少 6 块。试材表面应先进行 180 目砂纸粗砂，再用 320 目砂纸精砂，除尘后试材的表面要相对平整光滑，在温度 20℃±2℃、相对湿度 65%±5% 调温调湿房内存放，用于木材涂饰性试验。

涂饰试验选用的 PU 漆和 WB 漆均为国内知名涂料供应商生产，不同类型产品均是按厂商要求配套使用，包括封闭底漆、底漆、面漆、配套固化剂、稀释剂等，具体信息见表 6-1。

表 6-1　涂饰性能所用 PU 漆和 WB 漆具体信息

漆种	名称	型号	备注
PU 漆	封闭底漆	SR-201	配套固化剂 CJ-11
	透明底漆	SR-252	配套固化剂 CJ-11
	哑光清面漆	SR-360-1	配套固化剂 CJ-34
	标准固化剂	CJ-11	—
	耐黄变哑光固化剂	CJ-34	—
	净味标准稀释剂	SR-71	PU 漆普适用
WB 漆	双组分封闭底漆	JD-W112	—
	双组分底漆	JD-W113	—
	双组分哑光清面漆	JD-W205-3	—
	双组分固化剂	JD-WG00	WB 漆普适用

6.2.2　PU 漆涂饰方法

PU 漆涂饰试验选用开放和半开放两种效果进行 9 种木材涂布，其涂饰工艺流程如图 6-1 所示。其中，封闭底漆、底漆、面漆使用时需按一定配比进行试验，即 PU 封闭底漆：固化剂：稀释剂 = 2：1：1，PU 底漆：固化剂：稀释剂 = 2：1：1.2，PU 面漆：固化剂：稀释剂 = 2：1：1。将主剂与固化剂、稀释剂按一定比例搅拌均匀后，过滤后再倒入喷枪仓，按照喷枪压力 0.5~0.7MPa、喷枪速度 30~40cm/s、喷枪高度为 30cm、喷枪角度 45°进行喷涂作业。封闭底漆和底漆涂布量均为 50g/m²，面漆涂布量 70g/m²。PU 漆半开放效果的工艺与开放效果的工艺相比，增加了一道底漆工序，其目的是通过底漆涂布量填充部分木材管孔，从而达到半开放效果。PU 底漆、面漆干燥在温度 30℃、相对湿度 50%的油漆干燥烘房进行，每道 PU 底漆涂装工序完成后，放置于烘干房内静置至少 12h，待漆膜稳定后，顺着木材纹理方向砂光至试样表面光滑平整，再进行下一道喷涂工序。底漆砂光工序选用 320 目砂纸进行打磨，面漆之前的砂光工序还要选用 600 目砂纸进行打磨，涂饰半成品打磨一定要保证漆膜质量适宜。PU 面漆工序完成后，将试样放置在面漆烘干房内一周时间，待漆膜完全干燥后对其进行漆膜理化性能测试。

图 6-1　PU 漆涂饰工艺流程

6.2.3 WB 漆涂饰方法

WB 漆涂饰试验选用开放和半开放两种效果进行 9 种木材涂饰，其涂饰方法如图 6-2 所示。主剂、固化剂和水的配比均为 100：12：20，主剂即为 WB 封闭底漆、WB 底漆、WB 面漆。WB 漆各主要成分按照一定比例混合，搅拌均匀，过滤后再倒入喷枪仓，按照喷枪压力 0.5~0.7MPa、喷枪速度 30~40cm/s、喷枪高度为 30cm、喷枪角度 45°进行喷涂作业。封闭底漆和底漆涂布量均为 50g/m²，面漆涂布量 70g/m²。WB 底漆、面漆干燥在温度30℃、相对湿度50%的油漆干燥烘房进行，放置于烘干房内静置至少 24h，待漆膜稳定后，顺着木材纹理方向砂光至试样表面光滑平整，再进行下一道喷涂工序。底漆砂光工序选用 320 目砂纸进行打磨，面漆之前的砂光工序还要选用 600 目砂纸进行打磨，涂饰半成品打磨一定要保证漆膜质量适宜。PU 面漆工序完成后，将试样放置在面漆烘干房内静置干燥，待漆膜完全干燥后对其进行漆膜理化性能测试。

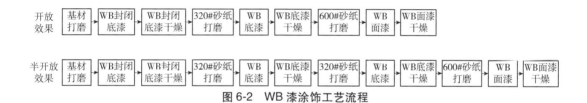

图 6-2　WB 漆涂饰工艺流程

6.2.4　表面漆膜理化性能测试方法

表面漆膜理化性能测试依据 GB/T 4893.2—2020《家具表面漆膜理化性能试验 第 2 部分：耐湿热测定法》、GB/T 4893.3—2020《家具表面漆膜理化性能试验 第 3 部分：耐干热测定法》、GB/T 4893.6—2013《家具表面漆膜理化性能试验 第 6 部分：光泽度测定法》、GB/T 6739—2006《色漆和清漆 铅笔法测定漆膜硬度》、GB/T 4893.1—2005《家具表面耐冷液测定法》进行测试。所有漆膜理化性能测试均在温度 25℃±2℃、湿度 50%的室内环境下完成。测试指标包括光泽度、硬度、附着力、耐干热、耐湿热、耐污染测试，其中，耐污染指标中本书选择了生活中较为常见的水、95%乙醇、白醋、茶、咖啡指标进行了测试。试验时试样表面应水平放置，光泽度测试时选取 15 个不同的测试点测试取平均值，硬度采用铅笔硬度计测试。漆膜附着力测试参照 GB/T 4893.4—2013《家具表面漆膜理化性能试验 第 4 部分：附着力交叉切割测定法》，试验采用百格法测试，用百格刀沿与木纹呈约45°方向进行切割，两次切割线切割呈 90°角相交，以形成网格图形，切割后用软毛刷轻轻前后清扫数次，用透明胶带在网格图形上压平，保证胶带与漆膜全面接触，然后在 0.5~1s 内平稳的撕去胶带。漆膜表面耐冷液测试参照 GB/T 4893.1—2005《家具表面耐冷液测定法》，耐污染测试时用直径约为 25mm 的柔软滤纸片放入配置好的待测试液中浸渍 30s，用镊子取出，沿盛放试液的容器边缘擦去流液，快速放置在试验区域上，立即用倒置的玻璃杯罩住，圆纸片不应接触玻璃罩。在空气中静置 48h 后取下杯子和圆纸片，用吸水纸吸干残液，观察试验区域损伤情况，如褪色、变色、变泽、鼓泡和其他缺陷。观察时可采用面向太阳光或人造光源照亮试样表面，使光线从试样表面反射入观察者眼中，从不同角度进行观察，观察距离 0.25~1m。通过观察试验区域表面情况，根据表 6-2 的规定对试验区域表面进行评级。

表 6-2　表面漆膜性能分级评定表

等级	说明
1	无可视变化
2	轻微变化。仅当光线照射到试验表面或十分接近印痕处，反射到观察者眼中，有轻微可视变色、变泽，或不连续的印痕，但试验表面结构没有变化
3	中度变化。在数个方向上可视，试验区域与相邻区域可区分，例如近乎完整的圆环或圆痕
4	明显变化。在所有可视方向上可见试验区域与相邻区域可明显区分，或试验表面结构有轻微变化
5	严重变化。表面结构明显改变，或表面材料整个或部分地被撕开，或纸片黏附在试验表面

6.3　9 种非洲木材涂饰性能结果与分析

6.3.1　PU 漆涂饰性能研究

9 种非洲木材 PU 漆开放涂饰效果漆膜理化性能测试结果见表 6-3，观察其涂饰后漆膜外观，均符合国家标准要求。从表中结果分析可知，奥古曼和两蕊苏木两种木材 PU 漆开放涂饰效果光泽度值比较接近，圆盘豆、象牙海岸格木和腺瘤豆 3 种木材 PU 漆开放涂饰效果光泽度值比较接近，翼红铁木和非洲紫檀两种木材 PU 漆开放涂饰效果光泽度值比较接近。翼红铁木和圆盘豆两种木材 PU 漆开放涂饰效果硬度值均为 F 级，象牙海岸格木、非洲紫檀、两蕊苏木和腺瘤豆 4 种木材 PU 漆开放涂饰效果硬度值均为 HB 级，单瓣豆、鞋木和奥古曼 3 种木材 PU 漆开放涂饰效果硬度值均为 2B；结合 3.3.6 和 4.3.11 章节 9 种木材光泽度和硬度指标分析，PU 漆开放涂饰效果与木材本身光泽度、硬度有关联。表 6-3 结果还列出了其他性能指标，附着力、耐干热和耐湿热试验中，在 1~5 级等级指标中评价为 1 级。耐水、耐醇、耐醋、耐茶、耐咖啡 5 种漆膜耐污试验中，9 种非洲木材耐醇试验测试后，从不同角度观察漆膜表面可看到近乎完整的杯底圆环轻微印痕，耐醇评价结果为 3 级，其他形式耐污性能结果均为 1 级，污染试验后漆膜表面无任何明显肉眼可视变化。

表 6-3　9 种非洲木材 PU 漆开放涂饰效果漆膜性能指标值

树种	光泽度	硬度	附着力	耐干热	耐湿热	耐水	耐醇	耐醋	耐茶	耐咖啡	漆膜外观
奥古曼	6.4	2B	1	1	1	1	3	1	1	1	正常
鞋木	5.2	2B	1	1	1	1	3	1	1	1	正常
圆盘豆	4.7	F	1	1	1	1	3	1	1	1	正常
两蕊苏木	6.8	HB	1	1	1	1	3	1	1	1	正常
象牙海岸格木	4.5	HB	1	1	1	1	3	1	1	1	正常

（续）

树种	光泽度	硬度	附着力	耐干热	耐湿热	耐水	耐醇	耐醋	耐茶	耐咖啡	漆膜外观
翼红铁木	3.5	F	1	1	1	1	3	1	1	1	正常
单瓣豆	5.9	2B	1	1	1	1	3	1	1	1	正常
腺瘤豆	4.8	HB	1	1	1	1	3	1	1	1	正常
非洲紫檀	3.6	HB	1	1	1	1	3	1	1	1	正常

　　比较 9 种木材 PU 漆开放涂饰效果的底漆和面漆漆膜，分别进行光泽度和附着力指标测试，结果见表 6-4，百格法附着力测试后试件表观如图 6-3 和图 6-4 所示。涂层的光泽度反映了漆膜涂层对光线反射能力的大小[7-8]。附着力是指漆膜涂层与木材基材表面之间，或者漆膜涂层之间通过物理或化学作用相互黏结的能力[9-11]。表 6-4 结果表明，9 种木材 PU 漆开放涂饰效果涂布过程中，其面漆漆膜与底漆漆膜光泽度相比，经过面漆喷涂后试件表面光泽度均有所下降，事实上，木器涂装面漆成分中具有亚光效果的物质，所以 PU 漆开放效果涂饰后表面光泽度主要与涂料面漆种类有关，涂料种类对涂饰试件表面光泽度

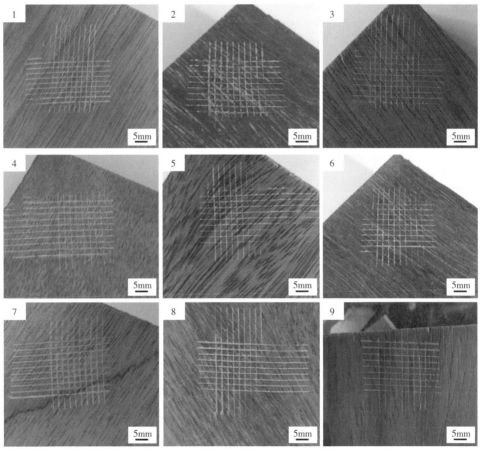

1—奥古曼；2—鞋木；3—圆盘豆；4—两蕊苏木；5—象牙海岸格木；6—翼红铁木；7—单瓣豆；8—腺瘤豆；9—非洲紫檀。

图 6-3　百格法测试后 9 种非洲木材 PU 漆开放涂饰效果底漆漆膜表观

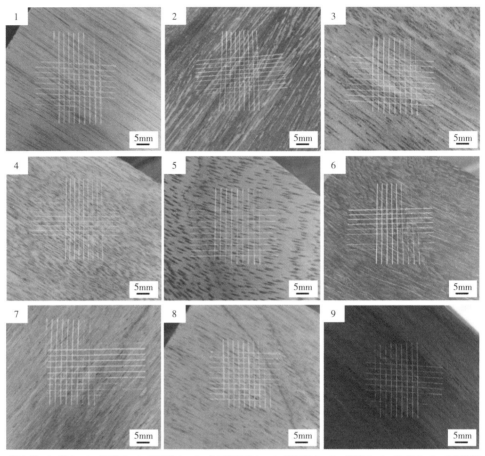

1—奥古曼；2—鞋木；3—圆盘豆；4—两蕊苏木；5—象牙海岸格木；6—翼红铁木；7—单瓣豆；8—腺瘤豆；9—非洲紫檀。

图 6-4　百格法测试后 9 种非洲木材 PU 漆开放涂饰效果面漆漆膜表观

表 6-4　9 种非洲木材 PU 漆开放涂饰效果漆膜的光泽度、附着力比较

树种	光泽度		附着力	
	底漆	面漆	底漆	面漆
奥古曼	6.8	6.4	1	1
鞋木	7.1	5.2	1	1
圆盘豆	12.9	4.7	1	1
两蕊苏木	8.4	6.8	1	1
象牙海岸格木	11.7	4.5	1	1
翼红铁木	6.4	3.5	1	1
单瓣豆	12.7	5.9	1	1
腺瘤豆	9.0	4.8	1	1
非洲紫檀	6.0	3.6	1	1

影响要大于不同种类树种木材自身光泽度对涂膜光泽度影响。再分析表 6-4、图 6-3 和图 6-4，9 种非洲木材 PU 漆开放涂饰效果的底漆和面漆附着力测试评价结果均为 1 级，百格法测试后不同漆膜表面观察到切割边缘平滑；但是可以观察到，PU 漆开放涂饰效果底漆膜在百格刀划过后的痕迹周边有涂料碎片残留，而 PU 漆开放涂饰效果面漆膜百格试验中未能观察到类似底漆漆膜的现象。

9 种木材 PU 漆半开放涂饰效果漆膜理化性能测试结果见表 6-5，观察其涂饰后漆膜外观，均符合国家标准要求。从表中结果分析可知，奥古曼和单瓣豆两种木材 PU 漆半开放涂饰效果光泽度值比较接近，鞋木、圆盘豆、两蕊苏木和腺瘤豆 4 种木材 PU 漆半开放涂饰效果光泽度值比较接近，象牙海岸格木、翼红铁木和非洲紫檀 3 种木材 PU 漆半开放涂饰效果光泽度值比较接近。翼红铁木和圆盘豆两种木材 PU 漆半开放涂饰效果硬度值均为 F 级，象牙海岸格木、非洲紫檀、两蕊苏木和腺瘤豆 4 种木材 PU 漆半开放涂饰效果硬度值均为 HB 级，单瓣豆、鞋木和奥古曼 3 种木材 PU 漆半开放涂饰效果硬度值均为 2B。结合 3.3.6 和 4.3.11 章节 9 种非洲木材光泽度和硬度指标分析，PU 漆半开放涂饰效果硬度值与木材本身高度关联，其光泽度与木材本身关联性不大。表 6-5 结果还列出了其他性能指标，与 9 种木材 PU 漆开放涂饰效果理化性能指标相似，附着力、耐干热和耐湿热试验中在 1~5 级等级指标中评价为 1 级，效果最优。耐水、耐醇、耐醋、耐茶、耐咖啡 5 种漆膜耐污试验中，9 种非洲木材耐醇试验测试后，从不同角度观察漆膜表面可看到近乎完整的杯底圆环轻微印痕，耐醇评价结果为 3 级，其他形式耐污性能结果均为 1 级，污染试验后漆膜表面无任何明显肉眼可视变化。

表 6-5　9 种非洲木材 PU 漆半开放涂饰效果漆膜性能指标值

树种	光泽度	硬度	附着力	耐干热	耐湿热	耐水	耐醇	耐醋	耐茶	耐咖啡	漆膜外观
奥古曼	5.3	2B	1	1	1	1	3	1	1	1	正常
鞋木	4.0	2B	1	1	1	1	3	1	1	1	正常
圆盘豆	4.2	F	1	1	1	1	3	1	1	1	正常
两蕊苏木	4.4	HB	1	1	1	1	3	1	1	1	正常
象牙海岸格木	3.2	HB	1	1	1	1	3	1	1	1	正常
翼红铁木	2.9	F	1	1	1	1	3	1	1	1	正常
单瓣豆	6.0	2B	1	1	1	1	3	1	1	1	正常
腺瘤豆	4.6	HB	1	1	1	1	3	1	1	1	正常
非洲紫檀	3.1	HB	1	1	1	1	3	1	1	1	正常

比较 9 种非洲木材 PU 漆半开放涂饰效果的底漆和面漆漆膜，分别进行光泽度和附着力指标测试，结果见表 6-6，百格法附着力测试后试件表观如图 6-5 和图 6-6 所示，从图表比较分析可得，其结果与 PU 漆开放涂饰效果的底漆和面漆漆膜测试结果相似。表 6-6 结果表明，9 种木材 PU 漆半开放涂饰效果涂布过程中，其面漆与底漆漆膜光泽度相比，经

过面漆喷涂后试件表面光泽度均有所下降，对比表 6-4，PU 漆半开放效果涂饰后表面光泽度较开放效果涂饰后表面光泽度降低的更多。再分析表 6-6、图 6-5 和图 6-6，9 种木材 PU 漆半开放涂饰效果的底漆和面漆附着力测试评价结果均为 1 级，百格法测试后不同漆膜表面观察到切割边缘平滑；但是可以观察到除奥古曼的底漆漆膜外，其他 8 种木材 PU 漆半开放涂饰效果底漆漆膜在百格刀划过后的痕迹周边无涂料碎片残留，所有的 PU 漆半开放涂饰效果面漆漆膜百格试验中均未能观察到涂料碎片残留。

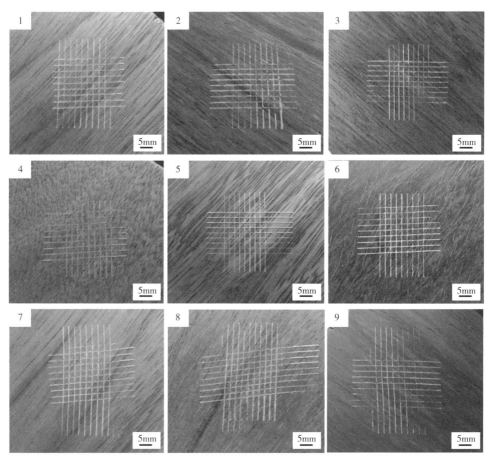

1—奥古曼；2—鞋木；3—圆盘豆；4—两蕊苏木；5—象牙海岸格木；6—翼红铁木；7—单瓣豆；8—腺瘤豆；9—非洲紫檀。

图 6-5　百格法测试后 9 种非洲木材 PU 漆半开放涂饰效果底漆漆膜表观

表 6-6　9 种非洲木材 PU 漆半开放涂饰效果漆膜的光泽度、附着力比较

树种	光泽度		附着力	
	底漆	面漆	底漆	面漆
奥古曼	7.7	5.3	1	1
鞋木	8.9	4.0	1	1
圆盘豆	14.1	4.2	1	1
两蕊苏木	11.0	4.4	1	1

（续）

树种	光泽度		附着力	
	底漆	面漆	底漆	面漆
象牙海岸格木	12.8	3.2	1	1
翼红铁木	8.2	2.9	1	1
单瓣豆	14.2	6.0	1	1
腺瘤豆	12.0	4.6	1	1
非洲紫檀	7.2	3.1	1	1

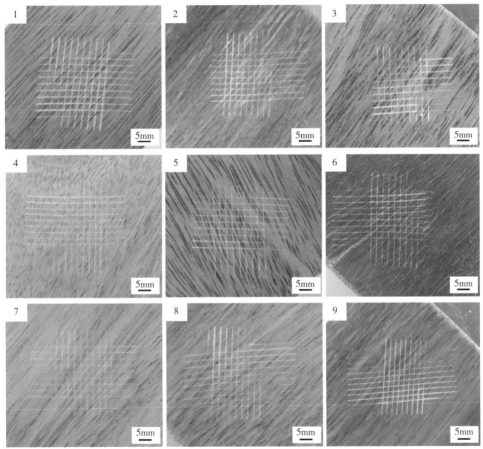

1—奥古曼；2—鞋木；3—圆盘豆；4—两蕊苏木；5—象牙海岸格木；6—翼红铁木；7—单瓣豆；8—腺瘤豆；9—非洲紫檀。
图6-6 百格法测试后9种非洲木材PU漆半开放涂饰效果面漆漆膜表观

从表6-3、表6-5和图6-7综合分析可以得出，9种木材PU漆开放与半开放涂饰效果漆膜表面特性中，光泽度差别不大，肉眼观察难辨光泽有差异；眼观清晰度木材纹理、孔槽显现效果，PU漆开放涂饰效果漆膜给人感觉较好，以非洲紫檀PU漆涂饰尤为突出。结合图6-1两种PU漆涂饰效果的工艺来看，PU漆半开放效果比开放效果的工艺中增加了一道底漆工序，也就是增加了底漆涂布量，更多地填充部分木材管孔槽，自然就会影响到

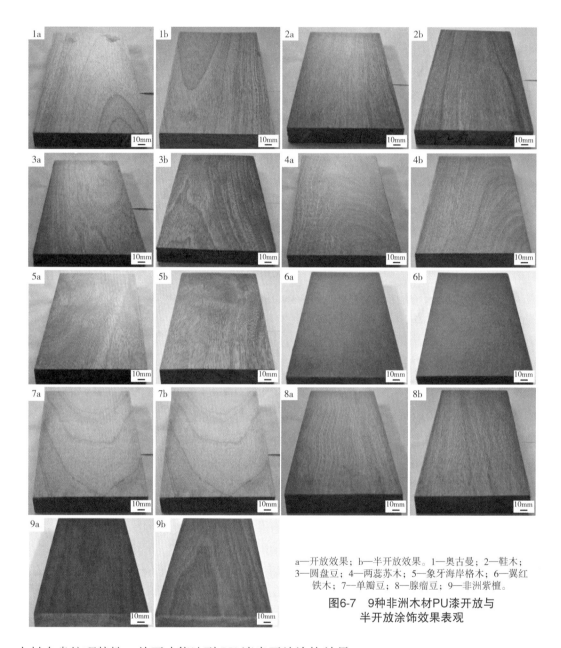

a—开放效果；b—半开放效果。1—奥古曼；2—鞋木；
3—圆盘豆；4—两蕊苏木；5—象牙海岸格木；6—翼红
铁木；7—单瓣豆；8—腺瘤豆；9—非洲紫檀。

**图6-7　9种非洲木材PU漆开放与
半开放涂饰效果表观**

木材自身纹理特性，从而才能达到 PU 漆半开放涂饰效果。

6.3.2　WB 漆涂饰性能研究

9 种非洲木材 WB 漆开放涂饰效果漆膜理化性能测试结果见表 6-7，观察其涂饰后漆膜外观，均符合国家标准要求，与 PU 漆漆膜理化性能相比稍有逊色，WB 漆和 PU 漆的主剂成分差别很大，水性涂料与溶剂型涂料的分子级成膜机理也不同，水性涂料的成膜经历了乳胶粒子的聚集、压缩融合和结膜 3 个过程，因此诸如硬度指标，WB 漆漆膜较

PU 漆漆膜略微差些[12-14]。从表中结果分析可知，9 种非洲木材 WB 漆漆膜开放涂饰效果光泽度值，很难找出与树种自身光泽度值的关联性；翼红铁木和圆盘豆两种木材 WB 漆漆膜开放涂饰效果硬度值均为 HB 级，非洲紫檀、腺瘤豆和两蕊苏木 3 种木材 WB 漆漆膜开放涂饰效果硬度值均为 2B 级，单瓣豆、鞋木和奥古曼 3 种木材 WB 漆漆膜开放涂饰效果硬度值依次分别为 4B、5B、6B，根据 4.3.11 章节 9 种非洲木材硬度指标分析，WB 漆漆膜开放涂饰效果与木材本身硬度有少许关联，但影响 WB 漆漆膜硬度性能更多的还是 WB 漆本身。表 6-7 结果还列出了其他理化性能指标，与表 6-3 所列 PU 漆漆膜相比较，完全可以与 PU 漆效果相媲美，附着力、耐干热和耐湿热在 1~5 级等级指标中评价为 1 级；耐水、耐醇、耐醋、耐茶、耐咖啡 5 种漆膜耐污试验中，9 种木材耐醇试验测试后，从不同角度观察漆膜表面可看到近乎完整的杯底圆环轻微印痕，耐醇评价结果为 3 级，其他形式耐污性能结果均为 1 级，污染试验后漆膜表面无任何明显肉眼可视变化。

表 6-7　9 种非洲木材 WB 漆开放涂饰效果漆膜性能指标值

树种	光泽度	硬度	附着力	耐干热	耐湿热	耐水	耐醇	耐醋	耐茶	耐咖啡	漆膜外观
奥古曼	7.7	6B	1	1	1	1	3	1	1	1	正常
鞋木	8.0	5B	1	1	1	1	3	1	1	1	正常
圆盘豆	5.9	HB	1	1	1	1	3	1	1	1	正常
两蕊苏木	6.0	2B	1	1	1	1	3	1	1	1	正常
象牙海岸格木	4.9	B	1	1	1	1	3	1	1	1	正常
翼红铁木	4.2	HB	1	1	1	1	3	1	1	1	正常
单瓣豆	7.6	4B	1	1	1	1	3	1	1	1	正常
腺瘤豆	8.2	2B	1	1	1	1	3	1	1	1	正常
非洲紫檀	9.2	2B	1	1	1	1	3	1	1	1	正常

比较 9 种木材 WB 漆开放涂饰效果的底漆和面漆漆膜，分别进行光泽度和附着力指标测试，结果见表 6-8，百格法附着力测试后试件表观如图 6-8 和图 6-9 所示。表 6-8 结果表明，与 PU 漆涂饰相似，9 种木材 WB 漆开放涂饰效果涂饰过程中，其面漆漆膜与底漆漆膜光泽度相比，经过面漆喷涂后试件表面光泽度均有所下降。再分析表 6-8、图 6-8 和图 6-9，9 种木材 WB 漆开放涂饰效果的底漆和面漆附着力测试评价结果均为 1 级，百格法测试后不同漆膜表面观察到切割边缘平滑，与 PU 漆涂饰相比较，百格刀划痕要浅很多，底漆、面漆百格试验后残留碎片也明显要少，PU 漆和 WB 漆两种涂料和漆膜差别很大，通常而言 WB 漆、漆膜涂层要薄很多，百格刀在漆膜表面划走可以近似认为在基材上划画，如果木材基材硬度大，自然划痕便会较浅，漆膜残留碎片也少。

表 6-8　9 种非洲木材 WB 漆开放涂饰效果漆膜的光泽度、附着力比较

树种	光泽度		附着力	
	底漆	面漆	底漆	面漆
奥古曼	15.6	7.7	1	1
鞋木	16.9	8.0	1	1
圆盘豆	12.6	5.9	1	1
两蕊苏木	13.9	6.0	1	1
象牙海岸格木	11.0	4.9	1	1
翼红铁木	8.1	4.2	1	1
单瓣豆	12.2	7.6	1	1
腺瘤豆	17.5	8.2	1	1
非洲紫檀	18.5	9.2	1	1

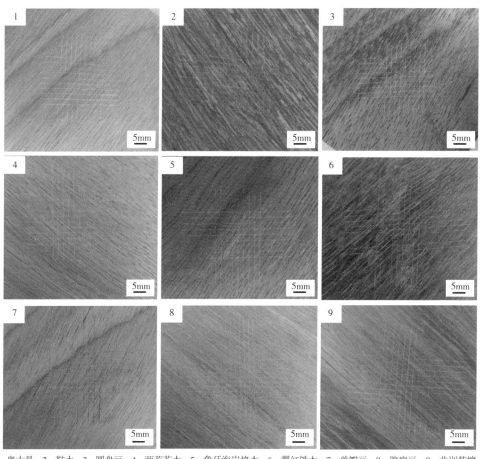

1—奥古曼；2—鞋木；3—圆盘豆；4—两蕊苏木；5—象牙海岸格木；6—翼红铁木；7—单瓣豆；8—腺瘤豆；9—非洲紫檀。

图 6-8　百格法测试后 9 种非洲木材 WB 漆开放涂饰效果底漆漆膜表观

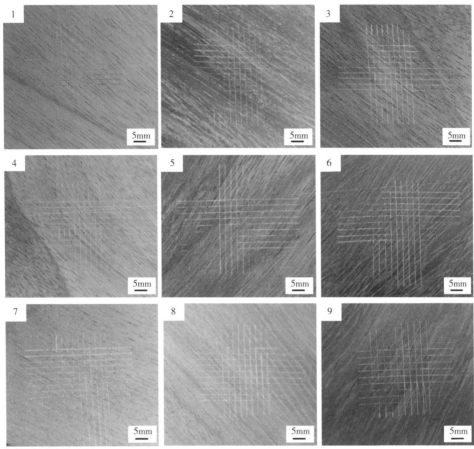

1—奥古曼；2—鞋木；3—圆盘豆；4—两蕊苏木；5—象牙海岸格木；6—翼红铁木；7—单瓣豆；8—腺瘤豆；9—非洲紫檀。

图6-9　百格法测试后9种非洲木材WB漆开放涂饰效果面漆漆膜表观

9种木材WB漆半开放涂饰效果漆膜理化性能测试结果见表6-9，观察其涂饰后漆膜外观，均符合国家标准要求，与WB漆开放涂饰效果漆膜相比较，除光泽度指标外，其他理化性能评价结果完全一样。

表6-9　9种非洲木材WB漆半开放涂饰效果漆膜性能指标值

树种	光泽度	硬度	附着力	耐干热	耐湿热	耐水	耐醇	耐醋	耐茶	耐咖啡	漆膜外观
奥古曼	6.3	6B	1	1	1	1	3	1	1	1	正常
鞋木	5.0	5B	1	1	1	1	3	1	1	1	正常
圆盘豆	4.7	HB	1	1	1	1	3	1	1	1	正常
两蕊苏木	5.4	2B	1	1	1	1	3	1	1	1	正常
象牙海岸格木	4.7	B	1	1	1	1	3	1	1	1	正常
翼红铁木	3.5	HB	1	1	1	1	3	1	1	1	正常

（续）

树种	光泽度	硬度	附着力	耐干热	耐湿热	耐水	耐醇	耐醋	耐茶	耐咖啡	漆膜外观
单瓣豆	6.3	4B	1	1	1	1	3	1	1	1	正常
腺瘤豆	5.3	2B	1	1	1	1	3	1	1	1	正常
非洲紫檀	4.3	2B	1	1	1	1	3	1	1	1	正常

比较 9 种木材 WB 漆半开放涂饰效果的底漆和面漆漆膜，分别进行光泽度和附着力指标测试，结果见表 6-10，百格法附着力测试后试件表观如图 6-10 和图 6-11 所示，从图表比较分析可得，其结果与 WB 漆开放涂饰效果的底漆和面漆漆膜测试结果相似。表 6-10 结果表明，9 种木材 WB 漆半开放涂饰效果涂布过程中，其面漆漆膜与底漆漆膜光泽度相比，经过面漆喷涂后试件表面光泽度均有所下降，对比表 6-7，WB 漆半开放效果涂饰后表面光泽度较开放效果涂饰后表面光泽度降低的更多。再分析表 6-10、图 6-10 和图 6-11，9 种木材 WB 漆半开放和开放涂饰效果的底漆和面漆附着力测试评价结果，几乎没有差别。

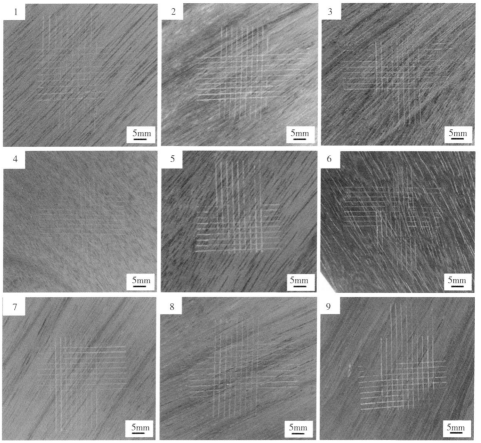

1—奥古曼；2—鞋木；3—圆盘豆；4—两蕊苏木；5—象牙海岸格木；6—翼红铁木；7—单瓣豆；8—腺瘤豆；9—非洲紫檀。

图 6-10　百格法测试后 9 种非洲木材 WB 漆半开放涂饰效果底漆漆膜表观

表 6-10 9 种非洲木材 WB 漆半开放涂饰效果漆膜的光泽度、附着力比较

树种	光泽度		附着力	
	底漆	面漆	底漆	面漆
奥古曼	25.2	6.3	1	1
鞋木	18.8	5.0	1	1
圆盘豆	14.9	4.7	1	1
两蕊苏木	21.9	5.4	1	1
象牙海岸格木	16.8	4.7	1	1
翼红铁木	13.3	3.5	1	1
单瓣豆	24.1	6.3	1	1
腺瘤豆	20.5	5.3	1	1
非洲紫檀	21.4	4.3	1	1

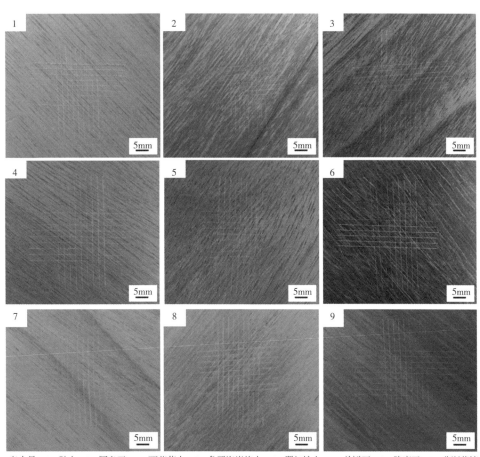

1—奥古曼；2—鞋木；3—圆盘豆；4—两蕊苏木；5—象牙海岸格木；6—翼红铁木；7—单瓣豆；8—腺瘤豆；9—非洲紫檀。
图 6-11 百格法测试后 9 种非洲木材 WB 漆半开放涂饰效果面漆漆膜表观

从表 6-7、表 6-9 和图 6-12 综合分析可以得出，与 PU 漆涂饰相比较，同样，9 种木材 WB 漆开放与半开放漆膜效果表面特性，光泽度差别似乎不大，肉眼观察难辨光泽有差

异。然而，花纹眼观清晰度、木材纹理、孔槽显现效果，WB 漆涂饰相比 PU 漆涂饰都更好；而 WB 漆开放和半开放漆膜效果给人感觉差别不大。

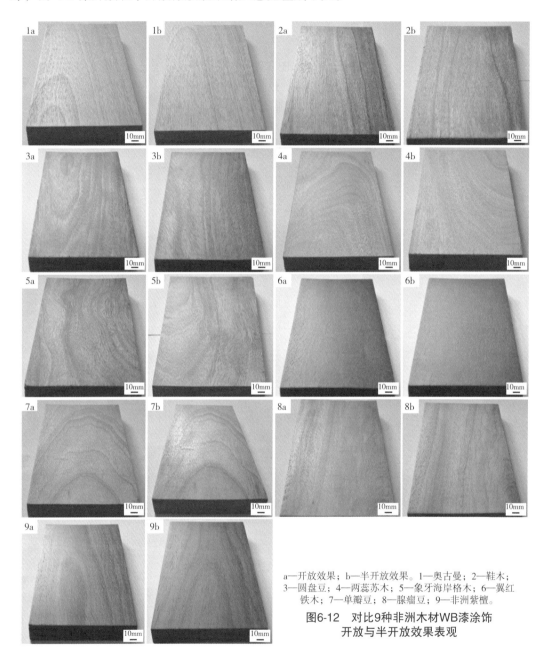

a—开放效果；b—半开放效果。1—奥古曼；2—鞋木；3—圆盘豆；4—两蕊苏木；5—象牙海岸格木；6—翼红铁木；7—单瓣豆；8—腺瘤豆；9—非洲紫檀。

图6-12　对比9种非洲木材WB漆涂饰
开放与半开放效果表观

6.4　本章小结

在 9 种木材 PU 漆和 WB 漆涂饰试验过程中，PU 漆涂饰可以闻到明显的刺激性气味，而 WB 漆涂饰几乎没有刺激性气味，WB 漆施工后需要比 PU 漆更长的涂膜干燥时间。

9种木材PU漆和WB漆涂饰漆膜试验结果表明，涂饰后漆膜表面光泽度主要与面漆有关，通过调节面漆可以控制表面光泽效果。硬度试验结果表明，木材基材的材性是影响涂饰后表面硬度的首要因素，其次是漆种本身的影响，研究发现PU漆涂饰后漆膜硬度高于WB漆涂饰，同种漆开放和半开放效果的硬度没有明显差异。PU漆和WB漆涂饰后漆膜耐干热和耐湿热测试结果评价均为最优。

9种木材PU漆和WB漆漆膜耐污染性能测试结果表明，PU漆和WB漆涂饰后漆膜耐乙醇性能略差，耐水、醋、茶、咖啡污染性能良好。

参考文献

［1］孟什．氮羟甲基树脂改性木材的涂饰及老化性能研究［D］．哈尔滨：东北林业大学，2014.

［2］Williams R S. Effect of grafted UV stabilizers on wood surface erosion and clear coating performance［J］. Journal of Applied Polymer Science，2010，28(6)：2093-2103.

［3］梁善庆，彭立民，傅峰．透明涂饰刺槐木材的色度学参数及其漆膜性能［J］．木材工业，2016，30(1)：10-13.

［4］侯新毅．三种桉树木材的机械加工和透明涂饰性能研究［D］．北京：北京林业大学，2004.

［5］古鸣．家具表面水性漆漆膜理化性能研究［J］．家具，2016，37(1)：98-102+106.

［6］陈秀兰．水性涂料应用于木家具涂饰工艺的研究［D］．南京：南京林业大学，2007.

［7］Dai J，Ma S，Liu X，et al. Synthesis of bio-based unsaturated polyester resins and their application in waterborne UV-curable coatings［J］. Progress in Organic Coatings，2015，78：49-54.

［8］Li K，Shen Y，Fei G，et al. Preparation and properties of castor oil/pentaerythritol triacrylate-based UV curable waterborne polyurethane acrylate［J］. Progress in Organic Coatings，2015，78：146-154.

［9］于海鹏，刘一星，罗光华．聚氨酯漆透明涂饰木材的视觉物理量变化规律［J］．建筑材料学报，2007，10(4)：463-468.

［10］段新芳，李坚，刘一星，等.PU漆阔叶树材透明涂饰过程中色度学特征的变化［J］．四川农业大学学报，1998，16(1)：83-88.

［11］李华慧．家具用改性速生杨木透明涂饰工艺研究［D］．北京：北京林业大学，2016.

［12］陈秀兰，申利明．木家具漆膜附着力的影响因素［J］．木材加工机械，2006，17(5)：38-41.

［13］闫小星，钱星雨，张岱远，等．环氧生漆在水曲柳木材上的涂饰工艺研究［J］．林产工业，2018，45(1)：27-29+52.

［14］Asia，Pacific，Coatings，et al. UV-curing for sustainable coating of furniture and parquet flooring［J］. Asia Pacific Coatings Journal，2011，24(5)：38-38.

附　录

附录一　9种非洲木材基础材性及适用范围汇总表

分类	指标	分项	象牙海岸格木	单瓣豆	两蕊苏木	靴木	腺瘤豆	圆盘豆	奥古曼	非洲紫檀	翼红铁木
表观特征	材色	—	心材栗褐色，边材奶油黄色	心材浅褐色至红褐色，边材色略浅	心材浅黄或黄褐色，边材浅黄色	心材浅红棕色至深红棕色	心材浅金黄色或金黄色，边材灰白色至灰黄色	心材金黄褐色略带绿色调，久露大气中变为红棕色，边材浅粉红色。	心材新切面浅红褐色，边材灰白色	心材新切面血红色，久则变为紫红褐色，边材黄白色	心材红褐色至暗红色，边材粉红色
	生长轮	—	不明显	略明显	不明显	略明显	不明显	不明显	不明显	不明显	略明显
	纹理	—	纹理直	纹理交错	纹理交错	纹理直或略交错	纹理交错	纹理交错	纹理直	纹理直至略交错	纹理直
	结构	—	结构粗	结构细而均匀	结构细而均匀	结构中，略均匀	结构粗	结构略粗	结构细而均匀	结构中	结构粗
	导管	—	单管孔，少数径列复管孔，分散型分布	单管孔，少数径列复管孔，稀管孔团，分散型分布	单管孔，少数径列复管孔，分散型分布	单管孔及径列复管孔	单管孔，少数径列复管孔，极少管孔团，分散型分布	单管孔，少数径列复管孔，稀管孔团，分散型分布	单管孔及径列复管孔，少数管孔团，分散型分布	单管孔，少数径列复管孔，稀管孔团，分散型分布	单管孔及径列复管孔，分散型分布
	纤维形态	—	纤维壁甚厚，长度较长	纤维壁甚薄，长度中等	纤维壁薄至厚，长度中至略长	纤维壁薄，长度较长	纤维壁薄至厚，长度中至略长	纤维壁甚厚，长度中至略长	纤维壁薄，长度中等	木纤维壁薄至厚，长度中等	木纤维壁甚厚，长度较长
	内含物	—	部分管孔内含树胶及黄色沉积物	—	具深色树胶或沉积物	管孔内含褐色树胶和白色沉积物	管孔内含浅色蜡质沉积物	—	—	含深色或褐色树胶和沉积物	深色或褐色内含物丰富

（续）

分类	指标	分项	象牙海岸格木	单瓣豆	两蕊苏木	鞋木	腺瘤豆	圆盘豆	奥古曼	非洲紫檀	翼红铁木
表观特征	其他特征	—	—	具有不规则深色条纹	材面可见带状薄壁组织构成的深色条纹状花纹	带有暗紫色或棕色条纹	具黑色同心圆状条纹	木材具深色细条纹	—	具有优美的纹理和色泽	—
物理性质	气干密度/(g/cm³)	—	0.92	0.51	0.69	0.67	0.73	0.78	0.44	0.72	1.03
	基本密度/(g/cm³)	—	0.78	0.42	0.59	0.55	0.60	0.65	0.36	0.62	0.84
	全干密度/(g/cm³)	—	0.90	0.47	0.64	0.63	0.70	0.74	0.40	0.66	1.00
	密度等级	—	重	轻	中	中	中	重	轻	中	甚重
	气干干缩率/%	弦向	2.34	4.69	2.88	3.79	4.74	3.80	5.28	2.67	4.07
		径向	1.69	2.57	1.93	1.79	1.73	2.37	2.78	1.75	2.95
		体积	3.83	7.50	5.14	6.19	6.69	6.52	8.62	4.63	7.20
		差异干缩	1.38	1.90	1.51	2.16	2.78	1.62	2.01	1.55	1.39
	全干干缩率/%	弦向	7.77	7.21	4.86	7.86	9.63	7.30	6.24	3.54	9.28
		径向	5.27	4.61	2.98	4.98	4.18	4.61	3.53	2.37	7.10
		体积	12.80	11.31	7.70	12.89	13.68	11.61	9.74	6.13	16.00
		差异干缩	1.48	1.62	1.64	1.60	2.32	1.63	1.82	1.51	1.31
	尺寸稳定性	—	优秀	中等	略差	良好	较差	良好	略差	良好	优秀
	耐久性	—	耐腐蚀性强	易腐朽变色	略耐腐、具有抗酸性	—	较耐腐	耐腐、耐磨、抗白蚁	—	心材很耐腐	耐腐性、抗酸性能强
力学性质	顺纹抗拉强度/MPa	—	141.15	109.00	151.28	73.46	76.44	155.27	77.73	96.92	143.35
	横纹抗拉强度/MPa	弦向	9.94	5.00	3.57	2.00	8.84	9.11	3.80	11.54	16.38
		径向	20.59	9.62	14.65	2.51	19.06	18.86	5.91	11.98	31.46
	顺纹抗压强度/MPa	—	111.06	53.60	71.47	50.44	62.49	95.42	42.00	67.50	102.50

（续）

分类	指标	分项	象牙海岸格木	单瓣豆	两蕊苏木	鞋木	腺瘤豆	圆盘豆	奥古曼	非洲紫檀	翼红铁木
力学性质	横纹全部抗压强度/MPa	弦向	24.02	5.60	12.20	7.44	10.87	17.40	5.09	17.28	29.40
		径向	22.10	11.43	12.64	5.11	12.62	20.94	8.67	14.39	40.02
	横纹局部抗压强度/MPa	弦向	35.78	8.78	20.00	14.76	16.40	26.35	7.60	23.45	44.26
		径向	32.15	14.69	16.84	13.35	12.17	31.37	10.18	21.22	45.35
	横纹抗压弹性模量/MPa	弦向	18.39	18.46	17.04	17.36	18.49	19.16	17.45	17.69	19.63
		径向	18.57	19.65	17.89	18.44	19.81	18.87	19.50A	18.36	20.85
	抗弯弹性模量/×10³MPa	—	15.22	10.74	15.12	14.15	12.60	16.13	9.99	12.33	15.66
	抗弯强度/MPa	—	185.37	93.36	120.89	110.07	123.63	162.42	76.31	106.66	167.94
	硬度/N	端面	9087.87	3687.47	6719.89	4206.11	6254.80	13507.16	3336.83	6867.08	15732.94
		弦面	6629.59	2380.15	4058.42	2260.09	3988.03	10966.08	2059.87	4460.43	14285.74
		径面	6662.21	2223.11	3380.05	2337.72	3854.88	10996.03	1916.27	4111.27	14552.11
加工性能	刨削	—	良好	良好	中等	较差	中等	较差	中等	优秀	优秀
	砂削	—	优秀	良好	中等	中等	良好	较差	较差	良好	优秀
	铣削	—	中等	中等	中等	优秀	良好	中等	中等	良好	优秀
	钻削	—	良好	良好	良好	中等	优秀	中等	优秀	优秀	良好
	开榫	—	中等	优秀	良好	良好	优秀	优秀	优秀	优秀	中等
	车削	—	优秀	中等	优秀	中等	中等	良好	优秀	良好	优秀
	综合加工性能	—	优秀	中等	中等	较差	优秀	较差	中等	优秀	优秀
	表面涂饰性能	—	中至略差	略差	优秀	良好	优秀	略差	良好	中等	略差
应用	适宜用途	—	木地板、木桁架、高级家具等用材	室内装修、装饰单板、胶合板用材	室内装修、细木工、装饰单板用材、化工木桶等用材	室内装修、装饰单板用材	重载地板、桥梁、运动器材用材	优质地板用材、重型建筑构件、甲板、重载地板、桥梁、运动器材等	家具、乐器、包装箱、胶合板等用材	高档家具、雕刻、地板等用材	重型建筑结构用材，以及重地板、桥墩、枕木、港口等用材

注：性能等级从高到低：优秀＞良好＞中等＞略差＞较差。

附录二　9 种非洲木材选取各部位纤维形态测量结果

树种	部位	纤维长度/μm	纤维宽度/μm	纤维长宽比	双壁厚/μm	胞腔径/μm	壁腔比	腔径比
象牙海岸格木	心材	1432.78(15.06)	27.05(12.47)	53.51(16.21)	4.63(27.48)	15.15(15.92)	0.32(36.68)	0.76(7.90)
	中材	1813.99(7.56)	27.46(15.28)	67.39(15.68)	6.04(15.35)	14.34(14.43)	0.43(22.94)	0.74(9.00)
	边材	1890.42(11.52)	22.85(16.24)	84.95(20.71)	3.57(41.63)	13.08(16.54)	0.29(51.27)	0.77(8.77)
	均值	1712.40	25.79	68.61	4.75	14.19	0.35	0.76
单瓣豆	心材	1044.20(9.34)	25.50(13.19)	41.42(12.09)	2.99(16.26)	12.53(14.25)	0.24(17.93)	0.77(9.95)
	中材	1234.68(12.71)	22.05(13.63)	56.39(11.51)	3.75(16.55)	12.38(13.97)	0.31(23.89)	0.79(7.31)
	边材	1169.05(12.57)	22.05(10.20)	53.63(17.43)	4.11(20.29)	9.79(11.50)	0.43(25.42)	0.63(10.16)
	均值	1149.31	23.20	50.48	3.62	11.57	0.33	0.73
两蕊苏木	心材	1460.67(7.84)	21.95(13.20)	67.66(15.30)	5.63(12.15)	6.73(25.17)	0.89(27.44)	0.63(10.95)
	中材	1636.25(6.26)	23.58(11.41)	70.07(10.80)	6.54(16.07)	6.30(28.97)	1.14(38.89)	0.54(15.63)
	边材	1602.61(6.79)	24.91(10.41)	64.97(12.09)	6.10(16.23)	7.77(19.21)	0.82(32.49)	0.62(11.25)
	均值	1566.51	23.48	67.56	6.09	6.93	0.95	0.60
鞋木	心材	1579.74(12.26)	26.74(11.14)	59.52(13.23)	4.67(13.50)	15.59(25.99)	0.32(29.76)	0.76(7.50)
	中材	1584.87(11.43)	28.37(11.10)	56.32(13.82)	6.42(16.31)	13.26(20.63)	0.51(29.71)	0.69(8.63)
	边材	1771.66(9.38)	26.84(11.04)	66.75(14.00)	6.64(25.67)	13.82(16.71)	0.50(35.73)	0.73(11.97)
	均值	1645.42	27.31	60.86	5.91	14.22	0.44	0.73
腺瘤豆	心材	1057.01(19.34)	26.59(17.42)	40.43(20.58)	5.69(16.81)	16.26(16.12)	0.36(30.66)	0.71(8.98)
	中材	1505.92(11.03)	27.74(10.41)	54.68(12.36)	4.88(13.05)	16.94(24.58)	0.30(25.93)	0.83(4.81)
	边材	1579.11(12.64)	26.51(11.51)	60.05(14.73)	3.94(21.69)	16.89(9.90)	0.24(26.36)	0.75(6.59)
	均值	1380.68	26.95	51.72	4.84	16.70	0.30	0.77

（续）

树种	部位	纤维长度/μm	纤维宽度/μm	纤维长宽比	双壁厚/μm	胞腔径/μm	壁腔比	腔径比
圆盘豆	心材	1418.27(14.97)	21.75(13.90)	65.91(15.42)	6.75(22.32)	10.36(24.95)	0.68(27.91)	0.66(40.61)
	中材	1559.44(9.89)	24.83(12.26)	63.71(15.32)	6.40(14.92)	8.92(24.38)	0.76(29.96)	0.62(10.19)
	边材	1317.57(9.66)	22.22(16.91)	60.54(15.49)	9.91(15.92)	1.73(18.62)	6.03(31.89)	0.14(28.59)
	均值	1431.76	22.93	63.39	7.69	7.01	2.49	0.47
奥古曼	心材	1028.91(13.45)	31.41(12.62)	33.11(15.98)	3.71(24.93)	15.12(16.26)	0.25(24.95)	0.77(7.13)
	中材	1153.64(10.84)	30.30(11.60)	38.43(13.18)	4.43(13.36)	19.98(12.15)	0.23(25.99)	0.88(2.83)
	边材	1049.66(11.02)	28.59(12.30)	37.13(13.72)	3.13(23.36)	15.79(9.78)	0.20(31.41)	0.80(12.26)
	均值	1077.40	30.10	36.22	3.76	16.96	0.23	0.82
非洲紫檀	心材	1306.26(10.67)	33.49(13.11)	39.54(14.98)	4.65(17.34)	14.35(17.75)	0.34(25.54)	0.70(7.86)
	中材	1457.28(9.34)	29.29(9.32)	50.10(12.21)	5.14(9.30)	15.53(15.30)	0.34(16.92)	0.82(4.00)
	边材	1283.30(9.26)	25.24(14.26)	51.87(17.19)	3.81(19.65)	15.61(14.65)	0.25(22.28)	0.75(6.95)
	均值	1348.95	29.34	47.17	4.53	15.16	0.31	0.76
翼红铁木	心材	1686.76(10.88)	31.72(12.46)	53.83(14.94)	14.19(10.10)	2.23(25.21)	6.67(22.45)	0.12(22.91)
	中材	1752.44(10.77)	30.20(15.62)	59.02(15.15)	12.16(16.34)	2.82(26.42)	4.55(25.11)	0.14(20.78)
	边材	1607.82(9.59)	29.92(13.61)	54.66(15.98)	12.32(15.45)	3.00(36.86)	4.70(40.69)	0.15(32.64)
	均值	1682.34	30.61	55.83	12.89	2.68	5.30	0.14

注：括号内为变异系数。